中华砚文化汇典

中华炎黄文化研究会砚文化委员会　主编

刘祖林　著

关键　改编

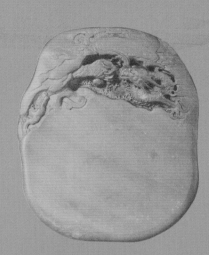

砚种卷

松花砚

人民美术出版社
北京

《中华砚文化汇典》
编撰说明

一、《中华砚文化汇典》(以下简称《汇典》)是由中华炎黄文化研究会主导、中华炎黄文化研究会砚文化委员会主编的重点文化工程,启动于2012年7月,由时任中华炎黄文化研究会副会长、砚文化联合会会长的刘红军倡议发起并组织实施。指导思想是:贯彻落实党中央关于弘扬中华优秀传统文化一系列指示精神,系统挖掘和整理我国丰富的砚文化资源,对中华砚文化中具有代表性和经典的内容进行梳理归纳,力求全面系统、完整齐备,尽力打造一部有史以来内容最为丰富、涵括最为全面、卷帙最为浩瀚的中华砚文化大百科全书,以填补中华优秀传统文化的空白,为实现中华民族伟大复兴的中国梦做出应有贡献。

二、全书共分八卷,每卷设基本书目若干册,分别为:《砚史卷》,基本内容为历史脉络、时代风格、资源演变、代表著作、代表人物、代表砚台等;《藏砚卷》,基本内容为博物馆藏砚、民间藏砚;《文献卷》,基本内容为文献介绍、文献原文、生僻字注音、校注点评等;《砚谱卷》,基本内容为砚谱介绍、砚谱作者介绍、砚谱文字介绍、砚上文字解释等;《砚种卷》,基本内容为产地历史沿革、材料特性、地质构造、资源分布、资源演变等;《工艺卷》,基本内容为工艺原则、工艺标准、工艺传统、工艺演变、工具及砚盒制作等;《铭文卷》,基本内容为铭文作者介绍、铭文、铭文注释等;《传记卷》,基本内容为人物生平、人物砚事、人物评价等。

三、此书编审委员会成员由著名学者、专家组成。名誉主任许嘉璐是第九、十届全国人民代表大会常务委员会副委员长,中华炎黄文化研究会会长,并作总序。九名编审委员都是在我国政治、历史、文化、专业方面有重要成果的专家或知名学者。

四、此书编撰委员会设主任委员、副主任委员、学术顾问和委员若干人,每卷设编撰负责人和作者。所有作者都是经过严格认真筛选、反复研究论证确定的。他们都是我国砚文化领域的行家，还有的是亚太地区手工艺大师、中国工艺美术大师等，他们长年坚守在弘扬中华砚文化的第一线，有着丰富的实践经验和大量的研究成果。

五、此书编务委员会成员主要由砚文化委员会的常务委员、工作人员等组成。他们在书籍的撰写和出版过程中，做了大量的组织协调和具体落实工作。

六、在《汇典》的编撰过程中，主要坚持三个原则：一是全面系统真实的原则。要求编撰人员站在整个中华砚文化全局的高度思考问题，不为某个地域或某些个人争得失，最大限度搜集整理砚文化历史资料，广泛征求砚界专家学者意见，力求全面、系统、真实。二是既尊重历史，又尊重现实的原则。砚台基本是按砚材产地来命名的，然后再论及坑口、质地、色泽和石品。由于我国行政区域的不断划分，有些砚种究竟属于哪个地方，出现了一些争议，编撰中始终坚持客观反映历史和现实，防止以偏概全。三是求同存异的原则。对已有充分论据、大多认可的就明确下来；对有不同看法、又一时难以搞清的，就把两种观点摆出来，留给读者和后人参考借鉴，修改完善。依据上述三条原则，尽力考察核实，客观反映历史和现实。

参与《汇典》编撰的砚界专家、学者和工作人员近百人，几年来，大家查阅收集了大量资料，进行了深入调查研究，广泛征求了意见建议，尽心尽责编撰成稿。但由于中华砚文化历史跨度大，涉及范围广，可参考资料少，加之编撰人员能力水平有限，书中难免有粗疏错漏等不尽如人意的地方，希望广大读者理解包容并批评指正。

《中华砚文化汇典》
总　序

砚，作为中华民族独创的"文房四宝"之一，源于原始社会的研磨器，在秦汉时期正式与笔墨结合，于唐宋时期产生了四大名砚，又在明清时期逐步由实用品转化为艺术品，达到了发展的巅峰。

砚，集文学、书法、绘画、雕刻于一身，浓缩了中华民族各朝代政治、经济、文化、科技乃至地域风情、民风习俗、审美情趣等信息，蕴含着民族的智慧，具有历史价值、艺术价值、使用价值、欣赏价值、研究价值和收藏价值，是华夏文化艺术殿堂中一朵绚丽夺目的奇葩。

自古以来，用砚、爱砚、藏砚、说砚者多，而综合历史、社会、文化及地质等门类的知识并对其加以研究的人却不多。怀着对中国传统文化传承与发展的责任感和使命感，中华炎黄文化研究会砚文化委员会整合我国砚界人才，深入挖掘，系统整理，认真审核，组织编撰了八卷五十余册洋洋大观的《中华砚文化汇典》。

《中华砚文化汇典》不啻为我国首部砚文化"百科全书"，既对砚文化璀璨的历史进行了梳理和总结，又对当代砚文化的现状和研究成果作了较充分的记录与展示，既具有较高的学术性，又具有向大众普及的功能。希望它能激发和推动今后砚学的研究走向热络和深入，从而激发砚及其文化的创新发展。

砚，作为传统文化的物质载体之一，既雅且俗，可赏可用，散布于南北，通用于东西。《中华砚文化汇典》的出版或可促使砚及其文化成为沟通世界华人和异国爱好者的又一桥梁和渠道。

许嘉璐

2018 年 5 月 29 日

《砚种卷》
序

　　《砚种卷》是《中华砚文化汇典》（以下简称《汇典》）的第五分卷，共二十余册。其基本内容是两部分：一是文字，主要介绍各砚种发展史、材料特性、地质构造、资源分布、雕刻风格、制作工艺等；二是图片，主要展示产地风光、材料坑口、开采作业、坑口示例、石品示例与鉴别等。

　　由于我国地域辽阔，且在很长一段历史时期内生产落后、交通不畅、信息闭塞，致使砚这类书写工具往往就地取材、就地制作，呈遍地开花之势。据不完全统计，在我国，北起黑龙江，南至海南，东自台湾，西到西藏的广袤大地上，有32个省、市、自治区历史上和现在均有砚的产出，先后出现的砚种有300余个，仅石砚可以查到名字的就有270余个，蔚为大观，世所罕见。它们石色多样，纹理丰富，姿态万千，变化无穷，让人赏心悦目；它们石质缜密，温润如玉，软硬适中，发墨益毫，叫人赞不绝口；它们因材施艺，各具风格，技艺精湛，巧夺天工，使人叹为观止。除石质砚外，还有砖瓦砚、玉石砚、竹木砚、漆砂砚、陶瓷砚、金属砚、象牙砚，甚至是橡胶砚、水泥砚等等，琳琅满目，美不胜收。

　　然而令人遗憾的是，由于历史的局限，我们的这些瑰宝，有的已经被岁月湮没，其产地、石质、纹色、雕刻甚至名字也没有留下，有的砚虽然"幸存"下来，也有文字记载，有的还上了"砚谱""砚录"，但文字大多很简单，所谓图像也是手绘或拓片，远不能表现出砚的形制、质地、纹色、图案、雕刻风格。至于砚石的性质、结构、成分，更无从谈起。及至近现代，随着摄影和印刷技术的出现和发展、出版业的兴起和繁荣，有关砚台的书籍、画册不断涌现，但多是形单影只，真正客观、公正、全面、系统地介绍中国砚台的书也不多，一些书中也还存在着谬误和讹传，这些都严重阻碍了砚文化的继承、传播和发展。

　　《砚种卷》在编撰中，充分利用现有资源，广泛深入调查研究，尽最大努力将历史上曾经出现的砚和现在有产出的砚尽可能搜集起来，将其品种、历史、产地、坑口、石质、纹色、雕刻风格、代表人物和精品砚作等最大限度地展现出来，使其成为具有权威性、学术性和可读性的典籍。其中《众砚争辉》集中收录介绍了两百余种砚台，为纲领性分册；《鲁砚》《豫砚》等为本省的综合册，当地其他砚种作为其附属部分；其余均以一册一砚的形式详细介绍了"四大名砚"——端砚、歙砚、洮砚、澄泥砚及苴却砚、松花砚等较有名气的地方砚。这些分册史料翔实，内容丰富，文字严谨，图片精美，比较完整准确地反映了这些砚种的历史和现状。

随着时间的推移，一些新的考古发掘会让一些砚种的历史改写，一些历史文献的发现会使我们的认识相对滞后，一些新砚种的开发会使我们的砚坛更加丰富，一些新的砚作会为我国的砚雕艺术增光添彩，但这些不会让《汇典》过时，不会让《汇典》失色，其作为前无古人的壮举将永载史册。

《砚种卷》各册均由各砚种的砚雕名家、学者严格按《汇典》编写大纲撰稿。他们长年在雕砚和研究的第一线，最有发言权。他们为书稿付出了巨大的心血和努力，因此，其著述颇具公信力。尽管如此，受各种条件的制约，这中间也会有这样那样的缺点甚至谬误，敬希砚界专家、学者、同人和砚台的收藏者、爱好者及广大读者，在充分肯定成绩的同时，也给予批评指正。

关 键

2017 年 10 月于京华冷砚斋

《松花砚》
序

　　刘祖林先生早在 20 世纪 70 年代末，就亲手刻出失传已达二百余年的松花砚，打破了历史的沉寂。自此，他便为了开发松花砚奔波了大半生。近些年，他又踏上了对松花砚的考察、整理、著书之路。现已出版了两部有关松花砚的专著。今又有新作，约我写篇序言，谈谈松花石与松花砚。

　　松花砚首属独具皇家"血脉"的宫廷砚。它不仅取材于清朝的发祥地长白山下，又由康熙帝亲自命名并授权开发，调全国名匠至宫廷刻制。宫廷砚囿于皇室，仅供皇帝和皇子皇孙享用，或封赏于有功之王公大臣。宫廷砚的周边、砚背、砚池以及砚盖，多以西周、春秋战国时期的青铜器的饰纹、图案装饰美化（常见有瑞兽祥禽），采取变形、夸大或以几何图形的形式来体现。其中尤以龙凤美化后的形象为多。宫廷砚几乎砚砚都有砚石盖。砚石盖汉代即有，但少见，到了清代却多了起来，成为宫廷砚的一大特点。这是由于皇室对美感追求的增强，对砚的要求不仅限于对砚堂、砚池的使用，而是拓宽了砚的使用视角，将美化和观赏亦作为一种致用的诠释。我们虽然也做了许多努力，但只限于仿刻，鲜有创新。大家苦于不曾见过宫廷砚的真面目，只能"按图索骥"。不过松花砚刻砚名家张涤新先生做了一些大胆尝试。他首先将青铜器的龙凤花纹装饰线条刻在自己的砚作中。他创作的多方青铜器砚，便透着宫廷砚的线条美感，蕴含着宫廷砚特有的高贵气息，让人耳目一新。

　　松花砚的器型，清代康、雍、乾三皇多重于规矩的长方形。今见吉林的松花砚，则多于随形。随形砚中取于生活情趣的花卉砚居多。如通化称之为荷花砚三绝者，有郑喜燕先生的残荷。在他刀下，多见败落的花瓣、枯残的荷叶、散落的莲蓬，然形残而内丰，态枯而蕴生。有邓玉平先生的雪荷。他能将北方的严寒冰雪呈现于荷上。那衰败荷蒂上的白雪、残叶曲皱处留存的薄冰、薄冰下透出叶的纵横纹络，历历在目，难辨真伪。还有刻砚新秀李郡鹏的风荷砚，那随风飘去的花瓣在空中蹁跹起舞，在风中坚挺的身姿不屈不挠，随风鼓动突起的荷叶蓬蓬勃勃，蕴育着一股春天即将来临的气息。三人同刻荷花，却异于刀下。随形松花砚中，山水砚亦展秀吐芳。江源的张世林先生，将中国山水画的笔墨魅力和形态艺术，结合人文精神的内涵融到松花砚中，如临江一阁、扁舟点点、秋水天长，给人以赏心悦目、清逸旷达之感。近些年来，随形松花砚中，彭沛的人物砚异军突起。他将传统人物造型的艺术表现与现代艺术的人物造型语言结合在一起。他雕刻的古贤老子、佛家达摩、书家米芾等松花砚，出手不凡，很快得到各界的喜爱和高度评价。

松花砚的另一品类是天成砚。这是由于松花石自身富有的能量决定的，得利于天。房功理先生独具慧眼，识我所识，取我所取。他从刻砚伊始，便认识到松花奇石与天成砚之间内在的联系和奇趣。几十年来，他积累了上千方类似鱼形的松花石。至今，他已刻成"百鱼砚"，陈列于江源"松花石博物馆"。

松花石的砚种中，还应有传统砚的一席之地。传统砚现在很少有人去刻了，然而传统砚不能丢。几千年来，它承载着中华民族的文化精髓，散发着历朝文人墨客的神韵和气质，浸透着代代刻砚者的心血和技艺，一直深受人们的钟爱和赏识。一方好的传统砚，不仅造型优美，就是构成砚的每条线条都蕴含着大美。那种刚柔相济、起伏自如、粗细有序的流线美感，依然会楚楚动人、引人入胜，

由于书写工具的变革，有些人便怀疑传统砚存

又不看发展的错误观点。而松花石刻砚人有的

家知道传统砚的作用是多方面的，它可以磨墨

更可以观赏。一件艺术作品，常常是在致用

成长起来的。既有实体致用的作用，又存有

砚具有独立自存的价值。在刻松花石传统砚

条路上，他已经走了三十多年，来自各地的

又苦心习练书法、篆刻，意求在现有基础上

起之后，仅仅四十多年，由于刻砚人自身亥

观的优秀刻砚人。至今，吉林省已有 48 位省

战斗着。刘祖林先生就是以自身的感受写下

石、松花砚的爱，是对家乡刻砚人的情。这

表现出了家乡人的心愿，表白了"重见卞和

原著：刘祖林

1951 年生，吉林省通化市人。中国文房四宝⬛

⬛理事，吉林省优秀民间艺术家，中国文房四宝⬛

⬛质文化遗产"松花石砚雕刻技艺"传承人，通化⬛

⬛视艺术馆馆长。

1979 月 3 月参与发掘并亲手雕刻出失传二百⬛

⬛"中国当代雕刻松花砚第一人"。近 40 年，所创⬛

⬛多次获奖，撰写的多篇理论文章在省市报刊上发表⬛

⬛014 年出版了《中国松花砚》著作⬛

改编：关键

　　1947 年生，北京人。自幼喜好金石、书法、绘画等中国传统文化，并由此与砚结缘。1966 年毕业于北京市工艺美术学校，后长期从事相关工作。20 世纪 80 年代开始系统接触和收集中国地方砚种，经过 30 年的努力，对地方砚种的历史、现状、石质特色和雕刻风格等都有较深的研究和独到见解，并已收到国内 20 余个省、市、自治区迄今还在生产的地方砚近 80 种。有多篇理论文章在相关报刊上发表。2010 年出版了《中国名砚——地方砚》一书。

　　现为中华炎黄文化研究会理事，中华炎黄文化研究会砚文化委员会会员，《中华砚文化汇典·砚种卷》主编。

目 录

概　述

　　松花砚，又称松花石砚，诞生在清代，是康熙皇帝亲自发掘，并授命于宫廷内务府造办处独家制作的皇家御用砚，其制砚石材产自东北长白山西南部沈阳以东的白山、通化、本溪所辖的地域内。清嘉庆以后停止了开采和制作，在失传二百余年后，于 20 世纪 70 年代末，重新发现了石源产地，当地民间相继恢复开采和雕琢。

　　本书重点叙述和解读了松花砚在发现、发掘和复兴过程中，以康熙三次东巡祭祖时所经路线和在行围打猎途中，在盛京（沈阳）之东砥石山麓发现"色绿而莹"的砥石线索，重点以康熙《御制砚说》为依据，通过"远古燕辽陆表海地质测绘图""康熙东巡路线图""新老砚石矿坑示意图"，确认和阐述了松花砚石是产于沈阳以东的历史事实。澄清了个别人所说的松花石是产自松花江的重大误解和讹传，并且从康熙将砥石山的砺具发掘为御砚作为起点，列举康熙首次赏赐下臣绿石砚和松花绿石砚时所使用的名称以及乾隆称"松化石须千年松花"的史料记载，论证了松花砚的称谓不是以地域或山川河流命名的，而是根据石的颜色和纹理形态得名的。"松花"二字的称谓完全是以松树为喻意的概念。

　　本书通过对松花砚矿石坑口的分布和各矿坑石品的分类，总结出石品的六大色彩系列，并推荐和展示当今众多砚雕师的精品以及松花砚雕刻技艺、鉴赏收藏，让更多人在了解松花砚历史渊源的基础上共同努力，将优秀的民族传统文化艺术发扬光大。

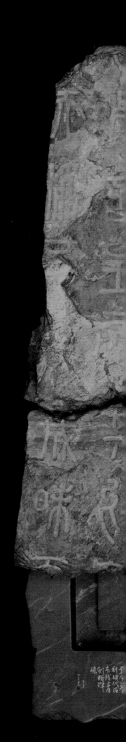

第一章　松花砚的发展史

　　翻阅中国的制砚史我们可以知道，在古往今来的数百种砚台中，包括"四大名砚"在内，都是在石材产地根据当地流行的形制、题材、纹样进行雕刻加工，砚中的精品往往由官府衙门或达官贵人贡给朝廷。而唯有清代的松花绿石砚却正好相反，砚石采自东北长白山脉，雕刻却在京城的宫廷造办处，由一些奉旨入宫的砚雕高手如金殿扬（吴门弟子，江苏苏州人）等精雕细琢，按照由皇帝御览朱批的器型和图案制出规矩、严谨、庄重的皇家御砚，由皇帝自用或赏赐属下。

泰山刻石砚（断砚）　59cm×35cm×5cm　彭祖述作

第一节　松花石砚　康熙始创

松花砚的问世，应该说既有时代的偶然性，又有历史的必然性。

成长于东北松辽大地上的女真人作为一个骑猎民族，在建立满清王朝并入主中原取代大明之后，深感汉文化中的儒家文化为治国之本。为了通晓历史知识和儒家经典，康熙十年（1671）起开经筵后设立起居注官。康熙十六年（1677）又设南书房，从翰林院遴选出十人为日讲官员指导皇帝学习唐诗、研究经史、练习书法，掌握中国的传统文化。而康熙皇帝（图1-1-1）在讲经读史和研习诗词书法的过程中，作为文房四宝之一的砚台自然也就成为相伴其左右的必备之物了。日久天长，他对龙案上产自中原的端、歙等名砚珍爱有加，津津乐道的同时，未免产生一丝遗憾："长白山发祥重地，奇迹甚多。""顾天地生材，未必收于世。"就是说，难道自己家乡龙脉中就没有能够制砚的石材吗？

康熙皇帝正是带着这种思绪，在其后的三次出关东巡中，于第二次发现了松花石，并进而制成了大清御宝松花砚。

图1-1-1　清　康熙帝画像

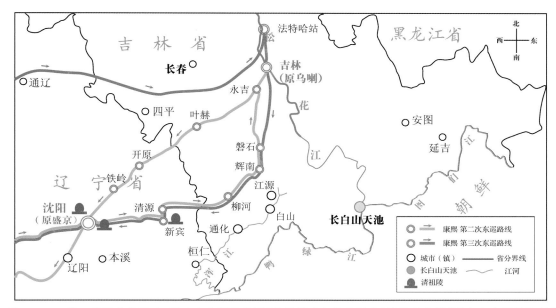

图1-1-2　清　康熙皇帝第二、第三次东巡路线图（根据辽宁大学编辑出版《清帝东巡》清史文献记载绘制）

据海峡两岸学者及各地专家近年通过清宫史料查证，清圣祖仁皇帝康熙执政的61年中，曾有三次东巡（图1-1-2），主要目的就是回到祖宗创业的"龙兴之地"，去沈阳东陵、北陵及新宾永陵祭祀列祖列宗。第一次是康熙十年告祭先祖江山统一、社稷太平。第二次是告祭先祖平定"三藩"稳固基业。第三次则是告祭先祖平定葛尔丹叛乱，收复大清国的失地。这中间，前两次东巡路线都是从沈阳（清代称盛京）到吉林（清代称乌拉），而第三次则是绕道蒙古走科尔沁草原，以愉快的心情视察收复的失地后，才从吉林南下去沈阳。

清康熙时代，整个东北人烟稀少，土地肥沃，长白山地区更是植被繁茂、森林密布，各种野兽出没其中。史料证明，康熙第二次东巡是在康熙二十一年（1682）二月十五日至五月初四，历时80天。康熙与群臣在御林军的护卫下，除了完成祭祀巡视疆土和考察地方的政务外，便是在亲随侍卫的簇拥下，投身到鹿跃鸟鸣的长白山麓进行打猎、捕鱼，尽享皇城大内所没有的山野之乐。

这次大规模的围猎活动至少动用了三千名射手和几万名兵勇。长白山的四五月份正是南部山区冰雪融化、万物复苏的时节。大地上没有覆盖的冰雪，树林中没有遮挡的绿荫。

随驾人员无论是行围打猎还是穿越行走于森林之间都视野清晰，而他们所经之路都是我们现代发现和挖掘出很多松花石的地方。可以想象，他们会很容易地在沟谷崖边或密林深处发现和拾到绿如松花、温润如玉的砥砺石。大清皇帝和文武幕僚捧着酷似松花"色绿而莹，纹理灿然，握之玉液欲滴"的松花石，无不为之感动，如获至宝，遂命人将其带回京城，"命工度其大小方圆，悉准古式，制砚若干方"，并在返京后奋笔疾书，将自己在东巡偶遇制砚"良材"的感慨和愿望写成《御制砚说》，载入康熙二十二年（1683）至三十六年（1697）间编写的《康熙皇帝御制文集》。

《康熙帝御制文集》中《圣祖仁皇帝御制砚说》所载："盛京之东，砥石山麓，有石垒垒，质坚而温，色绿而莹，纹理灿然，握之则润液欲滴。有取做砺具者，朕见之以为良材也！命工度其大小方圆，悉准古式，制砚若干方。磨隃糜试之，远胜绿端，即旧坑诸名产亦能弗出其右，爰装以锦匣，胪之案几，俾日亲文墨。寒山磊石，洵厚幸矣！顾天地之生材甚多，未必尽收于世，若此石终埋没于荒烟蔓草而不一遇，岂不大可惜哉！朕御极以来，恒念山林薮泽，必有隐伏沉沦之士，屡诏微求，多方甄录，用期野元遗佚，

图 1-1-3　砥石山松花绿石

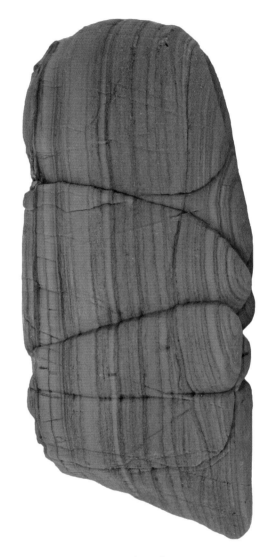

图 1-1-4　绿色松花石刷丝纹理

庶惬爱育人材之意。于制砚成而适有会也，故濡笔为之说。"（图 1-1-3）

在《御制砚说》问世之后，康熙三十七年（1698）七月二十九日到十一月十三日，又历时三个半月进行了第三次东巡。这次走的是一条新的路线，经吉林省境内的永吉磐石、辉南、梅河口和辽宁的清源。结果在盛京之东又采掘收集到新的更多的制砚之石，供朝廷进行雕琢，使得这种绿色的砺石在康熙宫中越来越受到重视，进而扩大规模进行制作。

综上所述，松花绿石（图 1-1-4）最早被发现的时间应该是在康熙二十一年其第二次东巡期间，而以此石雕砚的时间应该在康熙二十二年至三十六年间，或许也只是少量制作，否则《御制砚说》不会写出，而松花砚的雕刻形成规模是从康熙四十一年（1702）开始。据不完全统计，在康熙执政后的 20 年中，有据可查用来赏赐臣下的松花砚已近 200 方，而且还有一部分留给了后朝，雍正即位后在行赏臣下的松花绿石砚中仍有康熙年款的砚台，可见当时松花绿石的砚材已很充足，砚雕技艺也日臻成熟，产品已达到一定数量。（图 1-1-5）

康熙皇帝能"屡诏微求，多方甄录，挖掘隐伏沉沦之土"，前后三次东巡于沈阳、吉林之间，在考察山水物产、行围狩猎的过程中寻得砚石于"荒烟蔓草"之中，感悟出"有取砺具者，朕见之以为良材"，可谓独具慧眼。而将出自大清龙兴之地长白山中的砥砺石拔擢为文房器具，从而开创了用松花石制砚之先河，使一个历史上从来没有过的新砚种——"松花绿石砚"在皇宫内院中诞生并成为御宝，则为中华民族传统文化的发展做出了不可磨灭的历史性贡献。

图 1-1-5　仿清　康熙　松花石梅花图砚　北京御宝斋刘浩礴藏

第二节　松花石砚　三朝受宠

松花绿石砚石料采自大清龙兴之地，制砚出自皇宫内院，集康、雍、乾三朝的宠爱于一身，不仅成为皇帝治国理政、朱批颁旨、赋诗作画之御宝，而且成为了皇帝为笼络皇亲国戚、文武群臣而用来恩赐奖励的重物。得到赏赐御制松花绿石砚者则倍感皇恩浩荡，无不引以为无上之荣光，作为传家立训之瑰宝。

一、康熙时期

翻阅中国的制砚史我们可以知道，在古往今来的数百种砚台中，包括"四大名砚"在内，都是在石材产地根据当地流行的形制、题材、纹样进行雕刻加工，砚中的精品往往由官府衙门或达官贵人贡给朝廷。而唯有清代的松花绿石砚却正好相反，砚石采自东北长白山脉，雕刻却在京城的宫廷造办处，由一些奉旨入宫的砚雕高手如金殿扬（吴门弟子，江苏苏州人）等精雕细琢，按照由皇帝御览朱批的器型和图案制出规矩、严谨、庄重的皇家御砚，由皇帝自用或赏赐属下。

康熙皇帝在监制砚式、纹样的同时，常常亲自为砚题铭。如在松花绿石砚的覆手里经常题有"以静为用，是以永年"（图1-2-1）的楷书铭文（其后的雍正、乾隆朝也多有复制）。在赞赏松花绿石"寿古而质润，色绿而声清，起墨益毫，故其宝也"（图1-2-2）的铭文中，看到了其对松花绿石砚的挚爱，而在砚背镌刻上"体元主人""万

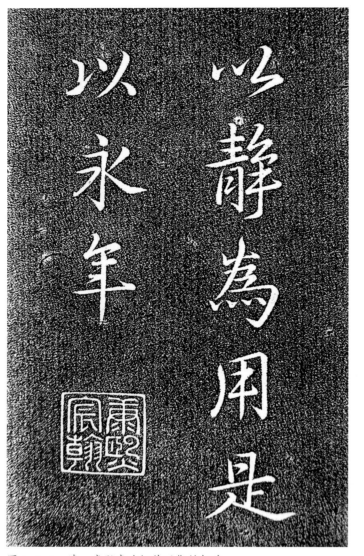

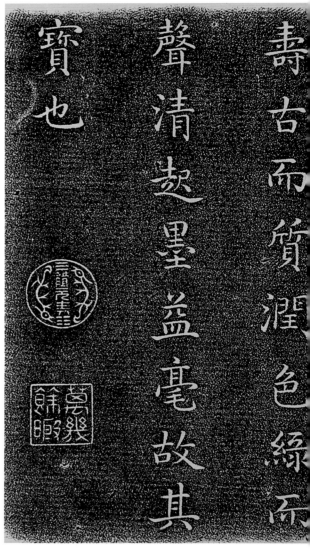

图 1-2-1　清　康熙帝为松花砚御铭拓片　　　　　　图 1-2-2　清　康熙帝为松花砚御铭拓片

几馀瑕"或"康熙宸翰"等篆书印款，在砚林中更是绝无仅有。

　　康熙皇帝在把松花绿石砚作为御用的文房用具的同时，也把松花绿石砚的政治效应发挥到了极致。他在将颁赐松花绿石砚以起到教化子女、将来成为圣主明君的激励作用的同时，还把它作为笼络群臣的一种手段。

　　如康熙皇帝欲将四子（后来的雍正皇帝）立为储君，对其继承大业寄予厚望，将一方刻有一条大龙和一条小龙翻腾于波涛之中的"苍龙教子"松花绿石砚（图 1-2-3）赐

图 1-2-3　清　康熙　松花石苍龙教子砚（正背面）
现存台北故宫博物院，图片摘自嵇若昕著《品埒端歙》

图 1-2-4　仿清　康熙　松花石龙凤砚　白山市潜龙松花砚艺术发展有限公司提供

图 1-2-5　仿清　康熙　松花石双龙衔璧砚　北京御宝斋刘浩磦藏

予四子胤禛，并亲手在砚背上题写了寓意深远的铭文"一拳之石取其坚，一勺之水取其静"，希望儿子也能成为像自己一样的真龙天子。

据史料记载，康熙四十一年十一月，康熙赏赐"内直"陈廷敬等七人每人一方松花绿石砚。康熙四十二（1703）年正月，召翰林院学士揆叙、侍郎吴涵及翰林陈论等六十人至南书房，赐砥石山石砚一人一方。康熙四十四年（1705），康熙皇帝第五次南巡，赐江宁将军鄂罗舜、江西总督阿山、安徽巡抚刘光美、江南学政张廷枢、江苏巡抚宋牢、浙江巡抚张泰交、福建巡抚李斯义、浙江提督王世臣等封疆大吏每人一方松花绿石砚。康熙五十一年（1712），康熙皇帝六十寿诞，宫内举办千叟宴，礼部等衙门六十五岁以上的老人得赐松花绿石砚共计四十八方。康熙五十五年（1716）三月，康熙帝赐翰林诸臣松花绿石砚五方。（图1-2-4、图1-2-5）

由此可见，松花绿石砚起到其他砚种在实用价值之外所起不到的特殊作用。

二、雍正时期

雍正皇帝（图1-2-6）即位后，延续前朝之法，在登基之后的第一年便迫不及待地将这些宫中御宝赐给几位得宠的阿哥们。在新年开始的正月十九，雍正皇帝将宜兴珐琅盒绿石砚赐给三阿哥弘时，将锦盒绿石砚赐给了五阿哥弘昼，将彩漆盒绿石砚赐给了七阿哥弘瞻，又将两方彩漆盒砚、一方紫檀木盒砚和一方石盒砚赐给了四位皇子的老师。

在清史记载中，雍正皇帝赏赐臣下的松花砚

图1-2-6　清　雍正皇帝画像

最多。比如：

雍正元年（1723）的二月初二，赐给漕运总督张大有松花绿石砚一方；二月十三，赐给浙江巡抚李馥松花绿石砚一方；二月十三，赐给福建巡抚黄国材绿端砚一方。（据考证，清时松花砚与绿端砚相似，也用绿端代称，且端砚也没有配石盒之例，所谓洋漆盒、石盒均属松花砚。）

雍正五年（1727）九月十六，赐给云南总督鄂尔泰嵌玻璃紫石砚一方；雍正八年（1730）二月二十五，赐浙江总督李伟绿端玉砚一方；雍正九年（1731）二月初六，赐湖北巡抚王士俊松花绿砚一方；雍正十年（1732）九月十九，赐广东总督鄂尔达松花绿砚一匣；雍正十一年八月初十（1733）赐江南河道总督乌拉石盒砚台一方。（以上资料来源嵇若昕著《双溪文物随笔》127页）。

雍正朝，松花砚赏赐甚多，加工的数量也与日俱增。雍正九年，由于皇宫对松花砚的需求增加，便又从江南招入黄声远、王天舜、汤褚刚三位雕砚名匠。由此可见，当时宫中制砚工作十分繁忙，仅就清宫史料《活计档才作附砚作》雍正十一年一年的记录便可见一二。（图 1-2-7、图 1-2-8）

雍正十一年正月十八，宫中内务府制各色石砚 18 方，四月初三完成 18 方（历时两个半月）。

四月十一，交黑玻璃盒两件著配绿端石；五月初一，做得绿端石两方（历时 20 天）。

图 1-2-7　仿清　雍正　松花石葫芦砚
刘祖林松花石砚艺术馆藏

图 1-2-8　仿清　雍正　松花石龙凤砚

图 1-2-9　清　雍正　松花石竹节砚　现存台北故
宫博物院，图片摘自嵇若昕著《品埒端歙》

图 1-2-10　清　雍正　松花石竹节砚　现存台北故宫博物院，图片摘自嵇若昕著《品埒端歙》

图 1-2-11　清　雍正　松花石竹节砚背面御铭拓片
现存台北故宫博物院，图片摘自嵇若昕著《品埒端歙》

四月十七，传旨着将牛油石盒 9 件配绿端石砚或紫石砚赏用；八月十三，制得端石砚 9 方，随原交牛油盒 9 件呈进讫（近四个月）。

八月初一，传洋漆盒 8 件，配绿端石砚 8 方；十月二十八日，制得绿端石砚 6 方，画洋金漆盒 6 件；十二月二十七日，落端砚 6 方，画洋金漆盒 6 件；十二月二十七日，落端砚两方，随画洋漆盒 2 件（全部完成近 5 个月）。

八月十二日，传制备用各色石盒砚 18 方（无完成日）。

八月十四日，传制各色石盒砚 10 方；十月二十八日，制得各色石盒砚 18 方（与备用砚合计，应还有 10 方没完成）。

十一月十二日，传制各色石盒砚 18 方；十二月二十七日，制得各色石盒砚 18 方（嵇若昕著《双溪文物随笔》133 页）。

雍正皇帝在位 13 年，亲自为松花砚御铭题款并不多，但复制父亲康熙皇帝御铭的砚却很多，常见"以静为用，是以永年"阴文小楷或阳文篆书，多刻"雍正年制"印章及"雍正年制"小楷或隶书。（图 1-2-9 至图 1-2-11）

三、乾隆时期

乾隆皇帝（图 1-2-12）是一位爱好广泛、颇具艺术素养的皇帝，对琴棋书画和文房珍玩都非常喜欢，对其祖父与父亲推崇的文房"圣物"松花绿石砚更是珍爱有加、异常重视。他在延续康熙、雍正两朝把松花砚恩赐臣子的同时，更是把松花砚的审美取向扩展到把玩和观赏的领域。

图 1-2-12　清　乾隆皇帝画像

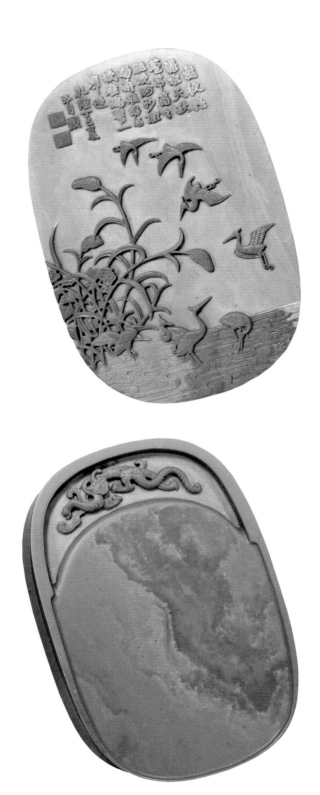

图 1-2-13　仿清　乾隆　松花石蟠螭砚　白山市潜龙松花石艺术发展有限公司提供

比如乾隆二年（1737），宫廷造办处的艺人雕出了一方十分精美的"松花石蟠螭砚"（图1-2-13）。砚的通体为上下两层，中间夹一层淡黄色的砚料。椭圆形砚面上的偃月形砚池内凹部分露出淡黄色，池中利用中黄色石层雕出一条回首蟠螭。砚下面三分之一的部位连体雕出了云首六足基座，并与砚和盖子母口相合。座底以高浮雕雕出三龙戏珠，有云气萦绕其间。其内镌方、圆印各一方，阳刻篆字"乾隆清玩"，阴刻篆字"奉三无私"。砚带盖，盖身为淡黄色，表面利用薄薄一层中黄色，浮雕了《芦洲鹭鸶图》，湖面水波荡漾，岸边芦苇交横，九只鹭鸶或翱翔于空中，或嬉戏于水里，姿态各异，情趣万端。图案上方浮雕乾隆亲题御制诗"縠纹摇漾水天秋，芦苇萧萧飐晚洲。妙趣南华谁能得，祇应鸥鹭一群游"。落款为"乾隆丁巳夏五月题"。钤方印两方，一为阴刻"唯精惟一"，一为阳刻"乾隆宸翰"。在砚盖的里面阴刻着乾隆御笔楷书"出天汉，胜玉英，琢为砚，纯粹精，救几摛藻屡省成"，并阴刻"永宝用之"篆书印。此砚总体表现出了极高的工艺水准和艺术价值，深得乾隆喜爱，常年伴在身边使用和把玩。乾隆四十三年（1778），编辑《四库全书》时，将此砚手绘图片及文字档案收入《西清砚谱》中。

当然，对松花砚的使用价值，乾隆皇帝也给予了极高的评价，其在《御制盛京土产杂咏》十二首中认为，松花石砚"发墨与端溪同，应在歙坑之右"。

纵观乾隆时期松花砚的器型与形制，在继承了康、雍两朝典雅清秀风格的基础上，更加注意精选新料，款式设计上推陈出新，在图案上花色繁多，一改前朝较为单调的青铜器纹样和玻璃镶嵌工艺，梅、兰、竹、菊及花鸟、人物、风景、虫兽等题材都得到了广泛的使用。（图1-2-14至图1-2-16）

图1-2-14　清　乾隆　百什件盒　图片摘自嵇若昕著《双溪文物随笔》

图 1-2-15　仿清　乾隆　松花石柳塘双鹭图砚　杨庆贺藏

图 1-2-16　仿清　乾隆　松花石独钓图砚

　　乾隆时代的后期，由于对龙兴之地长白山实行了进一步的封禁，松花石的供应受到了极大限制，因此，乾隆三十九年（1775），乾隆皇帝亲命宫中清查造办处松花石料收存情况。经查有"吉林三次送到松花石 38 块，内用过 5 块，做砚盒 8 件，砚 8 方，尚存 33 块"。乾隆御览后批示"持有用处用，钦此"，要求内务府严控松花砚的制作数量，并要求松花砚的制作以精细为主，不经皇帝御览御批不得琢制，而成品只保证御用和恩赏重臣用。故乾隆时期的松花砚较康、雍年间的松花砚雕刻得精，但数量少，由此更显松花石之珍贵。

第三节　王朝倾覆　国宝匿迹

　　清朝到了嘉庆时国力渐衰，康乾盛世的景象已不复存在，以致不再从东北进贡松花石材，松花砚的制作也举步维艰。据统计，大约有 200 方普通松花砚于 20 世纪初流入日本收藏界，有 80 多方现存故宫博物院，而其中以康、乾存砚为主（图 1-3-1），五方为清晚期所制。这五方砚用的基本上是当年乾隆朝剩余的边角料，材质一般，做工也十分简单。

　　松花砚能在康、雍、乾三朝受宠，辉煌一百多年，应该说是大清朝当时政治、经济和文化兴旺发达的产物。嘉庆朝之后，清政府逐渐走向衰败。期间民间起义、列强入侵，内外交困，砚材停止开采，御砚限制雕琢，那些产自皇家龙脉上的"纹理灿烂"之"良材"

图 1-3-1　清　康熙　松花石甘瓜石函砚　图片摘自嵇若昕著《品埒端歙》

也就重新湮没于"荒烟蔓草"之中，销声匿迹了近200年。特别是松花砚作为龙脉之宝、御用之物，其石材由盛京（现沈阳）和吉林两地衙门采集进贡，朝廷派专司衙门亲临砚坑督办作业，对开采地严格封禁，开采过程、石材用途严加保密，其资源不能与老百姓共享，所以导致了迄今所有清史资料中没有松花砚石老坑地址的详细记述。这也是松花砚问世以来直到20世纪70年代末未能在民间生产和流通的主要原因。

松花石的偶然发现和松花砚的最终消失，给后世留下了一连串的谜题。今天我们的任务就是抽丝剥茧，还历史之本来面目。（图1-3-2、图1-3-3）

图1-3-2　仿清　雍正　虎皮纹松花砚

图1-3-3　仿清　乾隆双鹿松花砚　北京御宝斋刘浩礴藏

第四节　松花石砚　三个辨析

松花砚问世以来，围绕着松花砚的产出时间、地点、名称等问题，便一直有种种不同的说法和意见，有的争议还很大，其中不乏一些专家、学者和业内人士的真知灼见。这些学术之争本属正常之事，也一时难以达成共识，虽然不能也无法回避这些棘手的问题，但也应在此加以辨析。

一、松花砚产生的时间

有关松花砚产生的时间，大部分意见都认同在清康熙年间，但也有一种意见认为松花砚产生在明代，至少是明末。理由是清初大戏剧家孔尚任所著《享金簿》一书中记载，他收藏有一方绿石砚，比绿端油润，是明代王绂的传世之物，经当时在清内务府造办处雕刻了许多松花砚的琢砚名匠金殿扬鉴定，是辽东松花砚。尽管我们现在无法找到这方辽东松花砚，但也无法否认其真实性。

翻阅我国的制砚历史可以看到，由于中国地域辽阔、经济落后、交通不便，砚作为古代不可或缺的书写工具，往往是就地取材，由少数人偶然为之。一些砚由于石质好、纹色佳、雕刻精而逐渐被大家认可，有了名称，形成了规模，甚至成了名砚；而有的砚则由于石质差、纹色劣、雕刻粗而逐渐被淘汰，甚至连名字也没有留下。

松花砚也是如此，在"盛京之东，砥石山麓"的长白山东南部，有很多可以磨刀的岩石，是早年的女真人及满汉民族在生活中用来磨菜刀、剃刀、镰刀乃至长矛、战刀的必用之石。特别是东北到中原，路途遥远，交通不便，中原的端、歙等砚很难进入到那里，这中间自然也就少不了一些账房先生、行医郎中、文人秀才采来一片片石板，磨出一处简单的墨堂墨池试墨。久而久之，心灵手巧的工匠就把它琢成了一定形状、简单纹饰的砚。随着将长白山中的人参、鹿茸、木耳、蘑菇等山货带出去与中原进行商贸交易，个别漂亮的砚石和砚台也被带入中原，据此说松花砚早于清朝出现也不为过。

　　但是，究竟何时开始用这种磨刀石制作小砚，现已无法确切考证，流入中原的砚也毕竟是少数。而康熙皇帝把祖宗发祥地的磨刀石擢拔为宫廷御砚，定其性质，定其纹饰，定其铭文，定其工艺，给了其正式的名分、尊贵的地位，并将其载入了史册，成为华夏砚坛中的瑰宝。因此，说松花砚产于大清康熙年间更为准确和妥当。（图1-4-1至1-4-3）

图1-4-2　仿清　康熙　松花石蚌式砚　王纪伟藏

图1-4-1　仿清　宫廷松花砚　曲凤波藏

图 1-4-3　仿清　松花石兰花砚　北京御宝斋刘浩礴藏

二、松花石的产地

松花石究竟产在哪里，概括从清代到现在，总共有四种说法。

第一种，产自"盛京之东、砥石山麓"说。从康熙朝到雍正朝之间，称松花石产于"盛京之东、砥石山麓"，这是清圣祖康熙皇帝在其御制砚说中第一次告诉人们的。翻开清代文史资料，在康熙朝至雍正朝近百年当中，关于松花石的产地并没有提及其他地方，唯有陈元龙一人在他撰写的《格致镜原》中写道："皇上得松花江之砥石山石，赏识其佳，创至圣心，命工创制为砚。同佐玉几挥毫间，以颁赐词臣……"康熙皇帝作为一国之君，想他不会言之无据的。况且松花石正是在其第二次东巡过程中，在辽宁新宾到吉林乌拉（今吉林省吉林市）之间发现的，他们所经之地也都是我们近代发现和开发出许多松花石的地方。而翻开当代的地图看，辽宁新宾和吉林通化、白山、江源、本溪这些著名的松花石产地恰恰在盛京（今辽宁沈阳）以东的地方，几乎处在同一纬度上。可以说，正是康熙东巡时路经"盛京之东、砥石山麓"，才有了"一遇良材"的收获，埋没于"荒烟蔓草"中的松花石才得见于世，才使中国的砚林中又增添了新的瑰宝"松花石砚"。康熙皇帝所称的"盛京之东"指出了松花石产地的准确方位。

那么，陈元龙为何说石产"松花江之砥石山"呢？有可能是因为东北当时是荒烟之地，人迹罕至，又没有明确的地图标志，加之陈元龙本人没有地理概念，在没有亲临松花江和盛京之东踏勘的情况下，只认为松花江和盛京在东北，遂以为松花江可以代表整个东北，故而得出错误的结论。

应该说，康熙朝和雍正朝关于松花石产于"盛京之东、砥石山麓"的说法是正确的。

第二种，产自"混同江边砥石山"之说。从乾隆朝开始，关于松花石产于"混同江边砥石山"的说法便在清史文献中多处出现。

乾隆四十二年（1777），阿桂等人编著的《满洲源流考》中写道："松花玉，混同江产松花玉，色净绿，细腻温润，可中砚材……"《西清砚谱》中称道："案松花石出混同江边砥石山。绿色光润细腻，品埒端歙。"此外，《吉林通志》《砚林脞录》中都有相关类似的记载。但是混同江究竟是哪一条江？它的具体位置又在哪里？按照《满洲源流考》的解释：混同江就是天河、天汉江、松阿里江、宋瓦江或俗呼松花江。而其具体方位，《盛京通志》中说在松花江上游，《吉林通志》讲在松花江下游，《大金国志》却称在"鸭绿江上游"。正是这些不统一的说法使得"混同江边砥石山"的说法让人迷惑不解，其中也包括乾隆皇帝本人。清中后期，人们把"天河""天汉""松阿里"说成是"混同江"，又把"混同江"等同于"松花江"，更是影响了对松花石产地的准确定位，使本应明确的地理方位成了模糊概念。

今天，当我们翻开东北地区的地图就会清楚地看到，松花江的确发源于长白山，但却是向西北方向流淌，中间经过东北大平原与嫩江、黑龙江汇合，最终流入大海。此地既不在康熙三次东巡的路线上，距离"盛京之东"更是千里之遥，而且勉强把松花江上游说成是混同江，与实际情况不符。近年来经中科院专家与砚界学者实地考察，此地为火山熔岩台地，所产之石根本无法制砚。所以，所谓"混同江边砥石山"之说即使不是错误，至少也是表述不清。

倒是《清实录》关于"康熙东巡日录"中写得明白："松花江源出长白山湖中，北合灰扒江至海，西流合混同江入海，金史名为宋瓦江。"就是说出自长白山湖中之水向西北方向流淌、与灰扒江（今称嫩江）汇合的是如今的"松花江"，而向西南流淌、与混江合流的叫"混同江"，通称"宋瓦江"，而这片流域的确出于"盛京之东"。如果《大金国志》里称混同江在鸭绿江上游的说法成立，那么如今的松花石矿坑大部分分布于鸭绿江上游的主流与支流的浑江流域却是事实。有意思的是，据刘祖林考证，吉林通化的浑江在中华人民共和国成立前上游称浑江，下游称佟佳江，或通称浑佟江。这个"浑佟江"与"混同江"只是字不同而已，而且正是在浑江的南岸发现了清代开采松花石的旧矿坑遗址磨石山（文献记载为砥石山）仙人洞。因此，可以肯定地说，混同江不是今日的松花江、天河、天汉江、宋瓦江、松阿里江等只不过都是早年长白山天池分流出的水系通用称呼，而现在吉林省通化市边的浑江流域"磨石山"应该是"混同江边砥石山"的确切位置。

第三种，产自"松花江边"之说。也许是松花江名气太大，听到松花砚便立刻将其与松花江联系起来成了当代人的一种条件反射。这中间大多是没有到过产地、仅凭自己想象或听别人传说的普通人，但也有一些是没有认真研究过历史文献和没有亲自考察过产地的专家。

　　在清康熙、雍正、乾隆三朝有关松花砚的文献资料中，除陈元龙一人曾提到过"松花江砥石山"之外，对松花砚都以"绿石砚""砥石砚""松花砥石砚""松花绿石砚""砥石山绿砚""乌拉石盒砚"相称，而松花江在这三朝时期只是"混同江""天河""天汉江""松阿里江""宋瓦江"的俗称，是非正式的、不为官方认可的称呼，就连乾隆皇帝为松花砚御铭都是说"出天汉，胜玉英，琢为砚……"（图1-4-4），并没有称"混同江""松阿里江""宋瓦江"，而称"天汉江"，可见当时朝中没有"松花江"这一

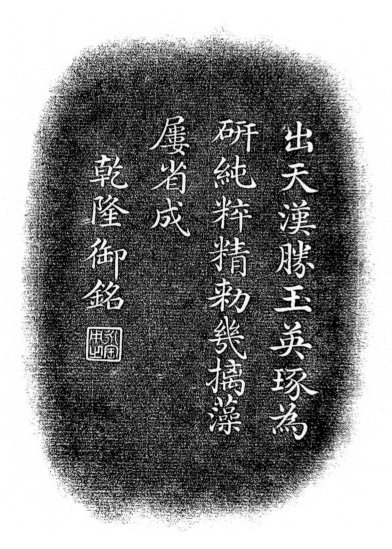

图1-4-4　清　乾隆皇帝为松花砚御铭拓片

图 1-4-5　松花江石　李正伦藏

　　说法，也就无人把松花江砚与松花江相提并论，没有把松花砚说成"松花江砚"。

　　松花江难道就不产石头吗？当然产（图 1-4-5）。在吉林市文庙的古玩市场里，就有一位姓李的先生常年在松花江两岸的沙滩上搜寻采集各种千姿百态、色彩斑斓的石头，然后推向市场、展入殿堂或拍成照片发表在有关报纸、杂志上，向人们展示大自然之美，展示松花江之神奇和赏石文化的魅力。应该说，这些石头是真正的"松花江石"，只不过这种松花江中的卵石是亿万年前形成的火山岩，而能够制砚的松花石则是 8 亿年前形成的水成岩，二者有着本质的区别。可以说，迄今为止，松花江边的任何地方都没有发现能够制砚的松花石。所以，归根结底，松花石不是产在松花江，故松花砚的名字与松花江完全无关。

第四种，松花石产在长白山西南麓之说。这一说法是 1979 年以来近 40 年松花石的重新发现并对取材地点进行研究的真实反映，也是众多制砚者和地质专家辛勤勘察搜寻的结果。这一结果证明，松花石产于长白山西南麓，即现在沈阳之东从北到南的一条矿脉之中，北起吉林省的江源，南到辽宁省的瓦房店。其中，以吉林省的江源、白山、通化矿坑最多。（图 1-4-6）

关于矿坑的具体情况，在后面的章节中会有重点介绍。需要说明的一点是，有一种意见认为松花石矿脉的最北端在吉林省的安图，但经中科院专家和砚界学者同仁的实地考察，此地属火山口熔岩台地，所产之石根本不能制砚。至于长白山乃至吉林、辽宁其他地区是否还会有松花石的蕴藏，有待于今后继续努力勘察探寻。

三、松花砚的名称

松花砚是松花石砚的简称，又称松花绿石砚。松花砚的名称由何而来？也许因为松花江家喻户晓，同松花石产于松花江的说法一样，很多人提起松花砚第一反应就是松花

图 1-4-6 通化仙人洞老坑遗址

图 1-4-7　金星石砚　关键藏

砚因松花江而得名，甚至个别地质专家在其发表的文章中也称松花砚和洮砚是两个以河流命名的砚种（其实洮砚是以古洮州而命名的）。究其原因是对砚的知识和松花砚的相关历史缺乏深入的了解，只是根据其他砚种的情况而固执地认为凡是砚都是以地域山川之名作称呼而造成的。

　　诚然，我国的砚台绝大多数都是以地域山川的名称命名的。如四大名砚中的端砚（产地古称端州）、歙砚（产地古称歙州），地方砚中的贺兰砚（石出宁夏贺兰山）、黄石砚（石出河南方城黄石山）等，但也有的砚种是以砚石的形象、色彩和纹理特征而命名的（图 1-4-7），如山东的龟石砚（砚石外形像龟壳）、北京的潭柘紫石砚（砚石为紫色）、山东的红丝石砚（石上有红色丝纹）（图 1-4-8）、湖南的菊花石砚（石上有白色菊花纹）（图 1-4-9）、山东的燕子石砚（石上有形似燕子的三叶虫化石）（图 1-4-10）等。

　　从前面的叙述中我们可以得知，一方面康、雍、乾三朝的官方正式文献中并没有松花江的称谓，乾隆皇帝在为多方松花砚御铭时都说"出天汉，胜玉英，琢为砚……"，并没有称出自松花江。另一方面，从 20 世纪 70 年代末长白山西南麓清代松花石老坑被重新发掘、新的松花石矿坑陆续出现以及松花江两岸迄今为止，都没有找到松花石矿脉，这些都有力地证明了松花砚的名称绝对不是根据地域或山川名字而来，更与松花江毫无

图 1-4-8　红丝石砚　关键藏

图 1-4-9　菊花石砚　刘克唐作

图 1-4-10 燕子石砚 刘克唐作

关系，完全是出于砚石的颜色纹理。如果说红丝石、菊花石可以根据砚石的色彩纹理去命名，而松花石又何尝不可以以色如松树绿叶、纹似松树木理命名呢？（图 1-4-11、图 1-4-12）

长白山区土地肥沃，植被茂盛，这里的原始森林中到处长满红松、白松、马尾松等各种松树，放眼看去，如同一望无际的绿色海洋，壮观无比。试想康熙皇帝在东巡途中遇到"色绿而莹，纹理灿然"的绿色之石，进而雕琢成砚。那"玉液欲滴"的色彩恰如浓淡相宜的针叶松花，落地生石，那灿烂天成的纹理如同松木板材中的木理年轮，几可乱真，将其称为松花砚完全是在情理之中的。《西清砚谱》第 392 页"松花石翠云砚"注文中就写道："此砚黄绿相错，如松皮纹……"因此，可以肯定地说，松花砚就是因松树而得名，完全表达了一种松树的寓意。凭心而论，当我们面对色如翠柏青松、纹似

图 1-4-11　松树针叶

图 1-4-12　绿色松花石刷丝纹理

图 1-4-13　松花石翠云砚（正背面）　图片摘自《西清砚谱》

年轮木理的美妙之材，我们不仅为搞清楚了一桩历史悬案而兴奋，更应为古人慧眼识珍和良苦用心而折服。（图 1-4-13 至图 1-4-15）

　　"石出盛京之东，砚出康熙宫中。纹似年轮木理，色如翠柏青松。"让我们用刘祖林的这首诗作为此部分的结束吧！

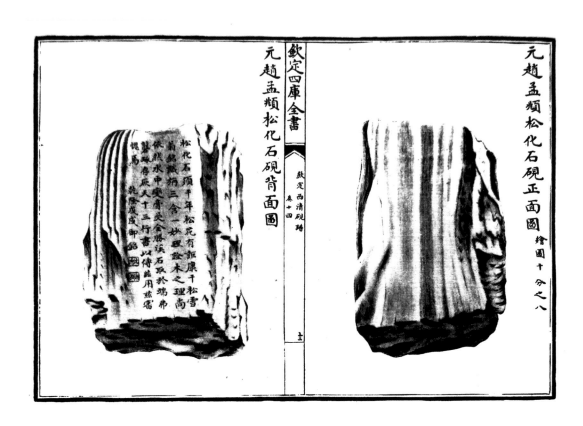

图 1-4-14　元　赵孟頫　松化石砚　图片摘自《西清砚谱》

元趙孟頫松化石硯說

硯高約五寸寬三寸五分許厚一寸五分松化石

為之木理猶存黄黑相間面正平可以受墨背及

四周皆天然不加礱琢凝膩如松脂背鐫

御題銘一首楷書鈴寶二曰比德曰朗潤匣蓋内並鐫

是銘隸書鈴寶二曰會心不遠曰德充符外鐫元

趙孟頫識語及銘八十三字後有子昂二字款俱

行書下有松雪二字橢圓印一考松花石唐六帖

欽定四庫全書　欽定西清硯譜　卷十四　十一

理猶在硯或即是石也

載回紀有康千河斷松投之三年化為石色黄節

图 1-4-15　元　赵孟頫　松化石砚说　图片摘自《西清砚谱》

四、松花砚与辽砚之别

说到松花砚，不能不提到与其共兴于东北大地的另一个砚种——辽砚。这是因为二者有着极为亲密的"血缘"关系，不仅二者的石材均出产于长白山脉，同属松花石矿脉，历史上也曾将吉林省通化地区和白山地区所产砚材和辽宁本溪地区所产砚材通称为"松花石"系列，而且当今二者的砚刻题材、技法、风格等也有着很多相同和相近的地方。特别是2000年初由嵇若昕女士编撰、台北故宫博物院出版的《品埒端歙·松花石砚特展》一书传入内地，到了东北地区后，吉林省通化地区和辽宁本溪地区不少砚雕者都步入开发仿清宫御砚的历程，并在几年之内达到相当高的水准。这使得很多人困惑和茫然，很难将二者区分开来，甚至有人干脆把两种砚说成是一种砚，故有必要在此加以澄清。

事实上，认真追溯历史，研究现状，松花砚和辽砚还是有很多区别的。

1. 从产生的地域来讲，松花砚产自吉林省通化、白山、江源等地区，辽砚产生于辽宁省本溪地区，二者虽然相距不太远，但毕竟属于两个省，也各有名称，不是一个砚种。而且历史上的松花砚石材主要取自吉林通化地区，加工却在故宫的造办处，属异地成长；辽砚石材取自辽宁本溪地区，加工也一直在当地，是土生土长。

2. 从产生时间和传承历史来看，松花砚和辽砚也存在着区别。各种资料表明，松花砚诞生于清康熙年间，作为御砚，传承简单，康、雍、乾三朝受宠，嘉庆后衰败消亡，直到20世纪80年代才被重新发掘出来恢复生产。而据考证，辽砚的产生最晚不晚于明代万历年间，比松花砚早了一百多年，由于地域原因，其作为中原文化与东北地区游猎文化配合的结晶，一直未有大的发展，自松花砚诞生后更是受到强大的冲击，不得不隐身于民间，影响远不及松花砚。清朝覆灭、松花砚匿迹后，中国东北地区长期受日本帝国主义的侵扰和占领，辽砚虽有一定发展，甚至一度走出深山，走入内地，在民国时期张学良主政东北时参加的首届西湖博览会上还获得了一等奖（之前因砚石产在本溪桥头镇故称桥头石砚，而辽砚这个名称是张学良给更的名，而通化、白山产的同样三种石品称为"绿云石""紫石""紫袍玉带石"），但大多数砚石和成砚都被日本侵略者疯狂掠夺走。日本投降后，由于内战骤起，民不聊生，砚雕艺人逃离，砚雕作坊倒闭，使得辽砚频临绝迹，只是在中华人民共和国成立后，才又逐步恢复生产，并在改革开放后呈现勃勃生机。

3. 从所用砚材上看，松花砚和辽砚也不尽相同。松花砚石材绝大多数取自吉林省通化、白山等地（图1-4-16、图1-4-17），少量取自辽宁本溪，也主要是用作砚盒，而辽砚的石材几乎全部采用辽宁本溪当地所产的历史上被称为"桥头石"中的青云石、紫云石和线石。即使20世纪初辽砚开始仿制清宫御砚时，采用的也是当地所产的、与吉林通化、白山等地所产松花石特征相近的"松花石"，但这种"松花石"与吉林通化、白山等地所产松花石在化学、物理成分和颜色纹理上还有一定差距。

4. 从雕刻技艺和风格上看，松花砚和辽砚也存在差异。从历史上看，松花砚表现出的是皇家文化的尊贵气质，雍容华丽，辽砚则代表了大众百姓的价值取向，朴实简约。中华人民共和国成立后，特别是改革开放以来，两种砚都取得了长足的进展，两种砚都

图1-4-16　通化仙人洞老坑遗址

图 1-4-17　通化湖上坑遗址

做仿宫廷御砚。松花砚更注重御用砚制作的"雅""秀""精""巧"，保持威严庄重、华美富丽的"原汁原味"；辽砚则注重探索砚体结构的装饰纹样的创新，力求达到更高的境界。两种砚都做到了形制更多样、题材更广泛，都体现了东北大地淳厚质朴的风韵，但由于吉林通化、白山等地区的松花石相对于辽宁本溪所产松花石色彩更丰富、纹理更绚丽，给砚雕者的创作提供了更加充分的艺术空间，故较辽砚来说，松花砚的创作理念更加前卫，设计构思更加灵巧，雕刻技艺更加完备，艺术表现力和感染力也更强。

第五节　松花砚的复兴之路

一、砚林瑰宝　重见卞和

长白山的物产，包括地下矿产资源，特别是用于工艺美术雕刻的材料非常丰富，有天然宝石、玛瑙、玉石、水晶、安绿石以及能与寿山石、青田石相媲美的长白石（又称高岭石）。在 20 世纪五六十年代，山区的一些城市利用这些资源先后办起很多工艺美术厂，开发出石雕、木雕、根艺、树皮画等工艺品，不仅行销国内，有的还出口海外。

1977 年的春天，吉林省通化市工艺美术厂为开发新的产品，曾由技术厂长带领找矿小组和新产品开发研制小组成员在长达两年的时间内跋山涉水，穿林攀壁，从土里挖掘，到民间探访松花石，但一直没找到。

时间来到 1979 年 3 月，一个偶然的机会，一位卖瓜子的农村老汉提供给当时厂里主管技术的张友发厂长一块鹅蛋大小、翠绿如玉、纹理分明的石头。张厂长意识到这块石头非比寻常，很可能是"得到宝了"。他立即让新产品研发组组长刘祖林按照砚台的形制磨出一处砚堂试试墨。经过几个小时的雕琢，一方圆润纯净、碧绿无瑕的自然形小砚诞生了。那温润细腻的砚堂摸上去光滑平整，如婴儿的肌肤，手指一按，就会出现一圈湿印。拿出墨块滴水试研后，有一种涩不留笔、滑不拒墨的感觉，贮墨后长久不干。张厂长和在场的研发小组成员都兴奋异常，这难道就是当年能给皇上制成御砚的松花石吗？（图 1-5-1）

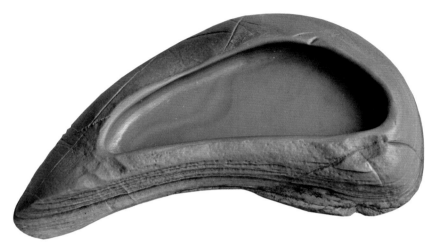

图 1-5-1　当代松花第一砚　刘祖林作

　　为了进一步验证，张厂长当晚便乘火车赶赴北京。在故宫博物院，他拿出掌中的小砚与玻璃展柜中摆放着的当年清宫御用松花砚反复进行对照，觉得无论是颜色还是纹理都十分相像，石质也一模一样。

　　他回到厂里后，马上组成了采矿小组。首先，按照提供石料的那位老汉所指示的方向向浑江北岸十几里外的大安乡进行搜索，但一连几天下来没有任何收获。然而，就在回来的路上，采矿小组却意外地发现南岸有大约 1km 长的陡壁悬崖，崖面层层叠叠，饱经风霜，在布满杂草苔藓的崖缝之间，依稀露出绿色、紫色或绿紫相间的石头。这里的岩石层在近代修铁路时遭到严重破坏，呈现出支离破碎的状态，两个似曾开采过石料的岩洞也只剩下一个。后经证实，这就是传说中的洞——当年秘密从洞中用毛毡裹着石头送给皇上的"磨石山仙人洞"。经过顺脉开挖和严格筛选，采矿小组将几方石料带回厂里。

　　新产品研发小组的刘祖林、孙秀艳、杨宝华、李树荣每人选了一方石料进行设计雕刻，从此，松花砚的开发研制也就紧锣密鼓地正式开始了。但当时，开发研制面临着很多难以想象的困难。一是"文革"后，想在制砚方面找到相关的文字和图片资料非常难，没有参照物。二是松花砚作为清代御用之物，严禁流入民间，故要在民间收集古砚旧砚作为样品，更是大海捞针。三是当时研发小组的年轻技术人员从来没有接触过这种硬度的石料，用什么锯去切割，用什么刀能雕刻，用什么工具可打磨等，心里都没底。用比较熟悉的石刻圆雕手法去浮雕松花砚更是一个新的课题。但经过一段时间的艰苦探索和努力，在有关部门和人员的帮助下，几十天后，四方具有民间风格的简易砚台终于雕刻完成（图1-5-2、图1-5-3）。张厂长带着三方精选的绿砚到吉林省博物馆、国家文物局、故宫博物院和北京荣宝斋请教有关专家、学者，拜访了文物专家付大卣，红学家冯其庸，史学家、书画家启功以及清代皇族后裔溥杰、溥松窗等人，他们不约而同地感叹和表示，这就是失传近200年的松花石砚。

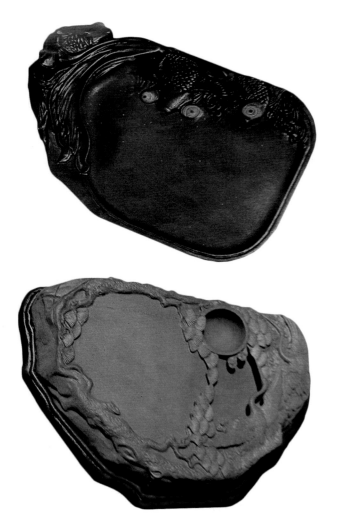

图1-5-2　新产品研发小组首次制作的四方砚之秋潭鱼跃砚、
松鹤砚　图片摘自1980年《吉林画报》

图 1-5-3　新产品研发小组首次制作的四方砚之松月蝙蝠砚、
　　　　　四龟砚　图片摘自 1980 年《吉林画报》

　　松花砚重新问世的喜讯像一声春雷，迅速传遍北京文化艺术界，首都专家、学者及文化艺术界人士纷纷要求一睹今日松花砚之风采。在吉林省老领导宋振庭的积极运作下，北京荣宝斋文物店和吉林省工艺美术学会决定在北京举办"松花石砚欣赏鉴定会"，让工艺美术厂立即着手筹备，加紧设计投产，择日进京赴会。

　　为了设计、雕刻出更多更好的松花砚，厂里扩大了找矿小组的人员编制，重赴浑江北岸，顺着山脉走向对一面面山坡进行了拉网式的搜索，终于在大安乡湖上村东南半山坡上找到了优质的松花石矿，这就是有名的湖上坑。

　　与此同时，故宫博物院给予了大力支持，破例打开库房，让工厂技术人员近距离观摩、学习封存的清宫古砚。荣宝斋的专家们则提供了大量的历史资料和珍贵图片。著名文物专家付大卤先生更是三次远到通化，亲自指导制砚和给砚台拓片。经过近一年的努力，终于在20世纪80年代的第一个春天，第一批试制生产的松花砚问世了。（图1-5-4）

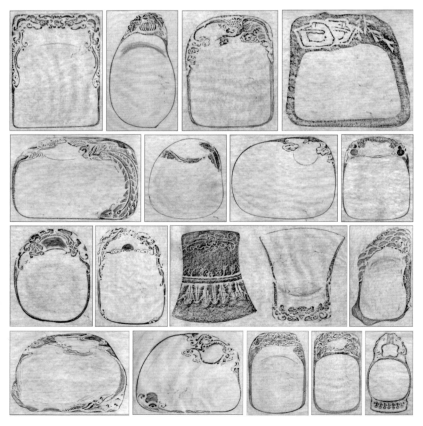

图1-5-4　1980年首批生产进京参展的松花砚部分拓片　刘祖林藏

图 1-5-5　1980 年 5 月，"松花石砚欣赏鉴定会"，吉林省代表、通化市代表、工艺美术厂技术人员代表在天安门合影

　　1980 年 5 月 25 日，首批生产的 52 方松花砚运抵北京，并由时任吉林省委书记的于林和吉林省二轻局局长高文率领，组成了一个庞大的代表团，包括通化市委书记霍国生、二轻局长陈树堂、工艺美术厂张友发、宋书文、刘祖林、徐少功、于始斌、仇仁等。全国各大媒体及吉林省内媒体也纷纷到场，对鉴赏会给予热情的宣传报道。（图 1-5-5）

　　1980 年 5 月 25 日上午，"松花石砚欣赏鉴定会"在北京四川饭店隆重开幕。这一天，国家计委、经委、轻工业部、文化部的负责同志以及年逾古稀的教授、专家、学者、书画家等 150 多人兴致勃勃地来到会场，为松花砚的重生而庆祝，这在改革开放之初是前所未有的。

　　陈列在条案上的松花砚更是让与会者赞叹不已。这些多姿多彩的松花砚既有仿古的规矩形，又有自然的随意形；既有深绿、浅绿色带刷丝纹理，似微风轻拂水面的，也有黄色、驼色和紫绿色中泛着白晕，如云雾缭绕山川的，还有深褐、浅褐、近乎绛紫的。这些作品题材广泛、设计精巧，根据砚石的不同色彩和不同造型分别雕刻着巨龙吐水、龙凤呈祥、花鸟梅竹、山水人物等，美不胜收，令人目不暇接。特别是一方用俏色雕出的金鱼砚，紫色的石面上有五颗白球黑心的石眼，这是除了广东端砚、四川苴却砚、河南黄石砚等砚之外极少见的石品，引起与会者的极大关注。专家、学者们对琳琅满目的展品表现出极大的兴趣，有的把砚台拿在手中仔细揣摩，反复把玩，爱不释手，有的用手轻叩砚石倾听它发出的悦耳声音，品评着砚台的优良质地。还有的则把自己珍藏的刻有乾隆款的松花砚拿出来与展品相比较。会上，专家将地质部门化验新砚石的数据与故宫修缮施工时拾到的松花石残片的化验数据相对照，结果完全一致，同属沉积岩中的"微晶石灰岩"。大家也都一致认为展品的石质与故宫陈列的清代"御砚"完全相同。至此，被历史湮没了近 200 年的松花砚最终得到证实确认，重新出现在世人面前。（图 1-5-6）

　　欣赏鉴定会上气氛热烈，大家都为能够目睹这一文坛盛世而欣喜万分。60 多位书画家、艺术家、文学家个个激情澎湃，文思如潮，纷纷提笔赋诗、挥毫泼墨，抒发对松花砚重生的祝贺和对松花砚的赞美。

　　时任全国政协副主席、佛教协会主席的著名书法家赵朴初伏案题诗："色欺洮石风漪绿，神夺松花江水寒。重见天日供割踏，会看墨海壮波澜。"著名史学家、书法家启功先生也步赵朴初先生原韵和诗一首："鸭头春水浓于染，柏叶贞珉翠更寒。相映朱玷山色好，千秋长漾砚池澜。"溥杰先生写道："地无遗宝，物尽厥材。松花名砚，继往开来。"（图 1-5-7）原中华人民共和国国防部长张爱萍将军奋笔写下了"重现光辉"（图 1-5-8）四个大字。著名画家、原中央工艺美术学院院长张仃题词"松花宝玉"赞

图 1-5-6　石渠砚（正背面）　李铁民作

图 1-5-7　1980 年 5 月，爱新觉罗·溥杰为"松花石砚欣赏鉴定会"题词

图 1-5-8 1980 年 5 月，原中华人民共和国国防部部长
张爱萍将军为"松花石砚欣赏鉴定会"题词

松花砚。著名书法家陈书亮为松花砚题诗："奇石号松花，良工夺天巧。驰誉三百年，艺林夸一宝。"著名画家李苦禅题字："石壁挂藤通篆意，桐阴滴露聆琴声。"著名画家刘继卣题词："涧水漱石根，光照青江壁。"著名书法家魏传统题诗："昔闻松花砚，今喜得相见。技艺夺天工，同歌展书卷。"著名画家蒋兆和题词赞松花砚为"松花宝砚"。著名书法家肖琼则称松花砚为"砚中之珍"。著名红学家冯其庸题诗："一枝一叶自千秋，风雨纵横入小楼。今与高人期无外，五千年事上心头。"著名书法家王遐举题词为："翰墨因缘旧，松花品质高。"原国家计委负责人、书法家段云作松花石砚歌五首，将松花砚与端、歙、洮砚相媲美。其一曰："我爱此石色泽鲜，嫩绿青翠胜洮川。致密坚缜滑不拒，发墨护毫赛婺源。"又曰："我爱此石质如玉，不涸不渗似端溪。温润细腻无暇驳，凡研相形云与泥。"

舒同、肖淑芳、关山月、胡絜青、尹瘦石、宋振庭、溥松窗、刘敬之等也都有题咏。其中，著名画家、原中央美术学院院长吴作人题写的"重现卞和"及落款"三百年来只见文献，未见实物，当八十年代第一春再睹天日"将展会推向高潮。大家纷纷表示，松花砚在隐世 200 余年后今日能"重现卞和"，这是松花砚诞生以来生命之花的重新绽放，也是中华砚文化发展史上的一件盛事。

二、松花之乡　缔造辉煌

松花砚虽然开发研制出来了，但是前进的道路并不平坦。

20 世纪 80 年代，中国刚刚改革开放，市场经济刚刚开始发展，所以，虽说松花砚回到民间百姓当中，但老百姓并没有拿它当回事，其远没有在皇宫内院里那么得宠。在老百姓看来，文房四宝好像只与书画家们有关，甚至在人们的记忆中，"文革"时期的大字报也是用盆或碗倒入瓶装的墨汁来书写，跟研墨的砚台没什么关系，这使得松花砚一时陷入窘境。

松花砚作为通化工艺美术厂的产品，内销没有市场，外贸也只有东南亚一小部分，但也是杯水车薪。向日本出口的一条渠道即 1982 年吉林省外贸部门与日本丸一株式会社签订的常年部分限量订货的合同，每年到厂里选货也不超过 200 方，产值仅几十万元

图 1-5-9　日本客商与通化市工艺美术厂张友发厂长在样品室洽谈

（图 1-5-9）。到 20 世纪 90 年代中期，日本丸一株式会社中断了十几年进口松花砚的生意，更使工厂陷入困境。无奈，工艺美术厂只能以人造毛玩具、工艺品和木城堡来养砚。20 世纪 90 年代初期，白山市浑江北岸的仓库沟又发现了松花石矿源。1993 年 3 月，香港经贸展洽谈会之后，白山市政府要求市里也研制开发松花砚，成立了"长白山木石工艺品公司"，使吉林省内有了两家生产松花砚的集体企业。然而，靠松花砚一种石头产品，连这个不超过百人的小公司也养不活，也只好以长白石工艺品、木艺和根雕来维持生计。但是，吉林通化、白山两地有关单位和人员并未气馁，而是迎难而上，大胆开拓，借市场经济建立的大好时机，请进来、走出去，试图逐渐把松花砚市场做大、做强。

冰雪融化，万物萌发。改革开放和市场经济的发展给松花砚带来勃勃生机。

1995 年 2 月，白山市由蒋立华先生倡导，董佩信先生组织王洪君、王中崔、刘成源、沈明勋、庄炳煜、郭炬光等成立了松花石、长白石研究会，编写了研究松花石、长白石雕刻的文章著述在《吉林日报》《长白山报》上发表，向世人宣传松花砚、推介松花砚。同年 4 月，长白山木石工艺品厂首次以生产松花砚厂家的名义参加了吉林省在日本东京举办的经贸洽谈会，努力拓展对外销售的渠道。

1996 年春，一家名为"御宝斋"的松花砚专营店在通化市繁华的大街旁出现。制砚人刘祖林常常一个人站在门店的橱窗下，从早到晚滔滔不绝地给过往行人介绍着橱窗里摆满的雕刻精美的松花砚，讲述着松花砚这个从清代皇宫御宝到如今家乡特产的故事，让人们认识松花砚、了解松花砚、热爱松花砚。后来，他索性模仿清宫将"御宝斋"改成了"松花石砚造办处"，带着弟弟、弟媳、妹妹和女儿组成了家族式的作坊，开启了当代松花砚发展史上松花砚雕刻作坊的先河（图 1-5-10）。其后，在通化和白山两个城市里，几家夫妻作坊也如雨后春笋般破土而出。通化市的郑喜燕夫妻挂起了"松石斋"的牌匾，从街头叫卖转入家中琢制。白山市北马路旁一家院里堆放着各色奇形怪状的松花石，雕刻家张涤新在这里孕育着他的抽象派作品。

20 世纪 90 年代末，在通化市与白山市这两个相距 50km 的城市里，两个集体工厂和几家私人及夫妻作坊支撑起一个如梦初醒的文化市场。

当改革开放的大潮推动着国民经济日新月异地发展，当地人想把家乡的特产名品送出去，外地的旅游者也想把当地有特色的东西带回家，人们开始选择既有历史文化内涵，又有地方艺术特色的松花砚作为高档礼品，这使得松花砚的市场有了经济效益，工厂和

图 1-5-10　刘祖林向女儿传授雕砚技艺

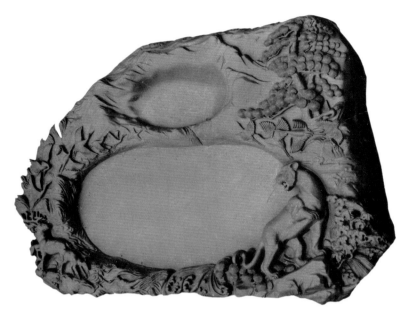

图 1-5-11　吉林省政府送给香港特别行政区的贺礼
"松花紫荆情系根"松花砚，通化市工艺美术厂雕刻

几家作坊的作品和产品有了生存和发展的空间。

从 1979 年至 1995 年松花砚复兴的近 20 年中，松花砚虽然没有形成产业规模，市场范围也有限，但是作为吉林省一个新兴的优秀文化产品，一直受到国家和省级有关部门的重视和支持，松花砚在不断前行中也屡获殊荣。1984 年，通化市工艺品厂雕刻的松花砚被评为"吉林省优秀产品"，同年获轻工业部"中国工艺美术百花奖"，1986 年获得轻工业部"优秀产品证书"，1990 年获得"全国轻工业博览会铜奖"，1993 年获"对外贸易部出口产品生产及其专业建设成果奖"，1994 年获"亚洲太平洋地区博览会金奖"。

特别是 1997 年 7 月 1 日香港特别行政区政府成立之际，由通化市工艺美术厂技术厂长张云福指挥，张国江设计，李淑英、孟秀兰、商立君、王玉霞等人雕刻的"松花紫荆情系根"大型松花砚（图 1-5-11），作为珍贵贺礼，由吉林省人民政府赠送给香港特别行政区政府，成为松花砚发展史上的一个重要里程碑。这不仅使松花砚在产地家乡人的心目中有了崇高的地位，也让全国人民认识和了解了具有独特魅力的松花砚艺术品。

2000 年，石质优异、雕刻精美的松花砚被中国文房四宝协会评定为"当代中国十大名砚"。

2000年初，台北故宫博物院出版的，由嵇若昕女士编撰的《品埒端歙·松花石砚特展》（图1-5-12）一书传入内地，89幅清代宫廷松花砚的图录和两件石屏图录让人耳目一新。由于该书没在书店发行，很多人无法看到，大家只好相互复印，翻拍部分照片。北京古砚收藏界的佟博年先生和制砚界的吴荣开先生慧眼识珍，带着这本书到东北推广传播，引发很大反响。

图1-5-12　《品埒端歙·松花石砚特展》
嵇若昕著　台北故宫博物院出版

辽宁本溪市的冯军先生在自家"紫霞堂"的屋顶上用"清宫松花砚"的牌匾换下了"桥头石辽砚"的招牌，率先步入开发清宫御砚的历程。其后，佟博年先生和尤振宇先生又将《品埒端歙》的影印图片带到通化，指导通化的制砚艺人准确把握宫廷御砚的形制风格，仿制清宫御砚。

2004年春天，在北京召开的第十五届全国文房四宝艺术博览会上，雕刻精美的松花砚展现出无穷的魅力。题材新颖、造型独特的现代砚表现出时代风貌，引来到会人员的赞赏；古朴庄重的仿清宫御砚则带着皇家气息，得到与会人员的好评。由刘祖林设计雕刻的"岁朝图"松花砚得到中国工艺美术大师黎铿先生的高度评价，称赞作者"以刀代笔，利用深浮雕的手法和传统的砚雕技法，将清代宫廷画师郎世宁绘画作品中的焦点透视构图运用到松花砚的雕刻，是一种全新的尝试，是一次完美的再创作"。在这届博览会上，这方近1m见方的岁朝图砚第一次在历史上以个人的名义获得了金奖。（图1-5-13）

2004年11月，故宫博物院研究员张淑芬女士与时任吉林省国土资源厅地质工程师的董佩信先生合作，出版了一部《大清国宝·松花石砚》，将长白山脚下的松花石、松花砚以及长白山地质地貌、民间故事、民俗文化和旅游风光作了综合性的描述介绍，成了继《品埒端歙》后又一部介绍清宫御砚松花砚的重要著作。

图 1-5-13　岁朝图砚　刘祖林作（2004 年获全
国第十五届文房四宝艺术博览会"金奖"）

2005 年 9 月，刘祖林编著的《松花石砚》（图 1-5-14）一书出版。书中详细回顾了 20 世纪 70 年代末研发松花砚和 80 年代初进京举办松花石砚鉴赏会的经过，介绍了松花砚产石的矿坑、石品、石质、雕刻技术，展示了松花砚的砚谱图录，让更多的人能够更全面、更深入地了解、认识和鉴赏松花砚。

同年 10 月，刘祖林松花砚艺术馆在山城通化诞生，填补了松花砚历史上在产地没有研究和展览场所的空白，给社会提供了一个松花砚创作、展示与销售的园地，为松花砚树起了一面崭新的旗

图 1-5-14　《松花石砚》刘祖林著
吉林摄影出版社出版

帜。其后的 2007 年，该馆获得首批吉林省非物质文化遗产"松花砚雕刻技艺"保护单位（图 1-5-15），刘祖林被授予传承人的称号。

2006 年春季，时任通化市政协文史委员会主任的郭军先生，主动找刘祖林商讨研究，把通化市的集体小厂、制砚作坊及松花砚的收藏爱好者组织了起来，创建了有史以来我国首个松花砚艺术品产业民间组织——通化市松花砚协会，使松花砚的制作由各自为战

图 1-5-15　吉林省级非物质文化遗产证书

形成大兵团作战，增强了实力，扩大了影响，为松花砚的进一步发展奠定了坚实的基础。

　　2006 年的夏天，刘祖林会长、郭军秘书长率领夏新元的银河工艺品厂、崔勇的宝砚斋、金福生的金石斋、刘浩音的青龙砚雕厂、姜书义的山城工艺品厂五家企业和作坊参加了在北京举办的"中国十大名砚展"，取得了成功。这年秋天，通化市松花砚协会接待了白山市江源区观赏石协会会长张世林率领的奇石砚雕考察团，对通化市松花砚协会所属的几家工厂和作坊进行了参观，对松花砚的现状和未来发展进行了研讨，从此，白山市江源区从事根雕和松花奇石制作、销售的艺人也都走上了松花砚雕琢的道路。

　　2008 年 8 月，在郭军秘书长的奔走、协调和组织下，由通化市政协主办，通化市松花石协会、观赏石协会、盆景根艺协会承办的"首届迎奥运松花砚、松花奇石、盆景根艺展交会"在通化玉皇山碑林苑举行，中国文房四宝协会领导和全国观赏石专家受邀到会，评选出松花砚、松花奇石的金、银、铜奖，同时，还邀请了白山市与江源区的松花砚与松花奇石的作者携作品参加，有力地推动了两市松花砚（石）文化产业的形成、发展和同业之间的协作交流。

　　2008 年 10 月，通化市工艺美术厂在通化市政府的支持下举办了"松花砚发掘 30 年回顾庆典"，以崭新的面貌向世人展示了松花砚 30 年的发展历程和取得的丰硕成果。

　　2009 年 7 月 1 日，在北京人民大会堂，中国轻工业联合会与中国文房四宝协会联合举办"中国文房四宝艺术大师颁证仪式"，隆重授予纸、笔、墨、砚、金石、装裱等行业 44 名有杰出成就的代表人物以"艺术大师"称号，其中制砚艺术大师 23 名，松花

图 1-5-16　"中国松花砚之乡"授牌

图 1-5-17　"中国松花砚之乡"证书

砚雕刻师刘祖林、张国江获证书。

同年10月，中国文房四宝特色区域的命名授牌仪式又在北京人民大会堂举行，中国轻工业联合会和中国文房四宝协会授予通化市"中国松花砚之乡"的荣誉称号（图1-5-16、图1-5-17），白山市江源区被授予"中国松花砚产业基地"的荣誉称号。

从2008年到2010年这三年中，通化、白山两地政府一年一度的松花砚、松花石文化节、旅游节频频举办，如火如荼，吉林省委、省政府、省委宣传部、省文化厅也十分重视，多次召开关于松花砚发展的专题会议，给予政策和财力上的大力支持和扶植。

此外，吉林省工艺美术协会每年都要举办一次以松花砚为主题的"工艺美术大展"和"百花奖"评选，推广、展示松花砚新作，奖励、鞭策制砚人员。通化市师范学院和白山市三岔子林业技校开办培养松花砚设计和雕刻人才的专业班，为培养松花砚产业和民族文化艺术的后继人才提供了坚实的保障。

这三年中，吉林省松花砚业形成了一支浩浩荡荡的产业大军。通化市的文化产品、松花石交易市场，白山市的松花石博物馆、艺术馆先后建立，成为松花砚和松花奇石集中展示、批发和零售的最大集散地，更有一家松花石材公司作为砚石基地应运而生，使松花砚的制作有了原材料的可靠保证。

长江后浪推前浪，松花砚设计和雕刻的队伍里，一批批更加年轻化、专业化的新人不断涌现。他们不仅遵循古制，在清宫御砚上精雕细琢，再现清宫御砚的风采，而且，在继承过程中大胆创新、引领时尚，设计雕刻出一批题材广泛、构思新颖、雕琢精良、富有时代气息的砚作，为松花砚事业尽展才华，为弘扬中华民族的优秀文化不懈努力，得到社会的认可。在 2010 年吉林省首届工艺美术大师的评选中，他们当中有 11 人被评为松花砚行业的工艺美术大师。在 2013 年第二届工艺美术大师的评选中，他们当中又有 10 人被评为松花砚行业的工艺美术大师。他们为松花砚雕刻事业赢得了荣誉，成为吉林省松花砚产业和松花砚雕刻艺术领域的中坚力量和排头兵。（图 1-5-18、图 1-5-19）

松花砚的复兴，得益于松花砚之乡的人们勇于开拓、百折不挠、上下齐心、团结拼搏的精神，他们用自己丰富的智慧和勤劳的双手，缔造了当代松花砚的新辉煌。

山东省临朐县张国庆

1991 年创建鲁砚堂，致力于红丝砚的发展和创作，同时对松花砚创作也投入了极大的精力。20 多年来，他到东北辽宁、吉林采集松花砚石原料运回山东，仿制清宫御用松花砚，把康、雍、乾时期御用砚器型和风格复制到极致。近年来，他在原基础上进行创新，继承中又在发展，设计、雕刻出了一批具有宫廷严谨与时代风格相融的崭新作品。

辽宁省本溪市冯军（1961—2015）

本溪"紫霞堂"1998 年创立，走过了 20 个年头，已故的冯军先生终生致力于松花砚的研究制作，用毕生的精力将清宫琢制松花砚的工艺（宫廷作法）重浮于世。他敢于人先，在继承清宫制砚的基础上博采中国各大名砚之长，大胆创新出当代松花砚石文人砚、文玩砚等延伸系列，得到了国内外制砚界、收藏界的高度认可。2007 年，紫霞堂仿制的清宫御用松花砚，令海峡两岸的专家都赞叹不已。《品埒端歙》的作者嵇若昕女士评价说："紫霞堂的制砚技艺，已不在昔日宫作之下。"

吉林省长春市彭祖述

当年72岁的彭祖述，利用83方寿山石、巴林石雕刻了微刻作品《石头记》，获得了"中国第五届工艺美术大师"称号。老当益壮，10年后，他又用108方松花石创作出融书法、微刻、篆刻、诗文、绘画等多种艺术形式的松花砚作品。尤其是他将微刻艺术移植于砚的制作中，在中华砚文化发展史上堪称奇观。2017年7月，彭祖述艺术馆正式开馆，他的松花百砚受到一致好评，中华砚文化联合会名誉会长刘红军称赞道："彭祖述先生是一位复合型人才，其作品独树一帜，他的模式不可复制。"

吉林省白山市许延盛

多年来，秉承自己的创作设计理念，许延盛走出了一条独特的自主研发之路。为了将好的松花石留在家乡，他不惜重金购买原材料，并投入巨资创建"万宝堂奇石有限公司"，挖掘和开发特色松花砚、创意雕刻松花砚和松花石茶具、酒具、香插、旅游纪念品、手把文玩等系列工艺品。经过多年努力和市场运作，目前，该公司已成为松花砚（石）产区的一家龙头企业，形成了一定规模，具有可观的发展前景。

吉林省长春市徐建国

2014年，徐建国发起组建了吉林省松花石商会，由他担任会长，并在各市州设立了松花石分会。同年，专注于从事松花石和松花砚产业投资的吉林省八吉集团在长春正式成立，徐建国任董事长兼总经理。

如今，在八吉集团的松花砚文化主题展厅中，陈列着上千方松花石砚精品、几百块上吨重的巨型观赏奇石，展示着80多方手工仿制的精品仿清宫庭砚和一方方形态各异的松花石艺术品，就如大千世界的微缩一样彰显着不凡之美，同时推动着松花砚（石）行业发展的历史步伐。

图 1-5-18 仿清 景泰蓝松花石暖砚
砚 14.5cm×11cm×2.3cm
座 15cm×12cm×5.3cm 刘浩音作

图 1-5-19 凤凰牡丹砚 53cm×35cm×4cm 吴永利作

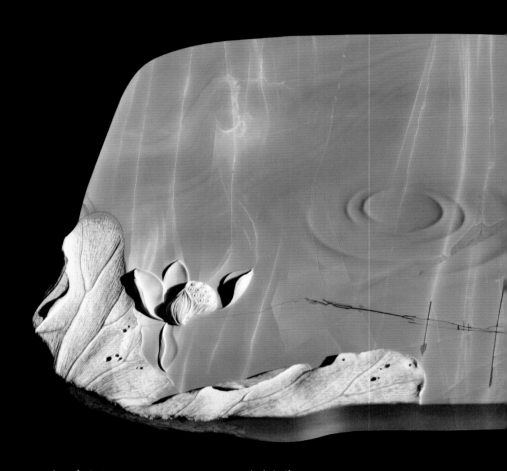

映日清风砚　35.6cm×56cm×4.8cm　张涤新作

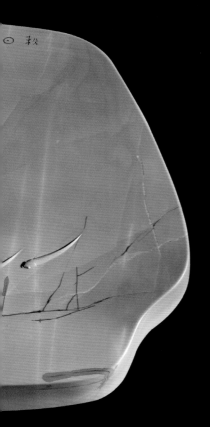

第二章　松花石的地质成因

松花石属于沉积岩，即水成岩，形成于 8 亿年前的元古宙新元古代青白口纪，赋存于元古界青白口系的南芬组地层中，多为黄绿色，是一种海陆交替沉积形成的泥晶灰岩。

第一节　松花石形成的地质环境

在地质学上，地球上的岩石按其成因可以分为三大类：一类是火山岩即火成岩；一类是沉积岩即水成岩；再则是变质岩，即火山岩和沉积岩在地壳内受高温作用改变原来结构所形成的一种新岩。火成岩是地心岩浆活动喷发所形成的产物，比如，各种玉类、玛瑙、花岗岩等；沉积岩是水下沉积和陆地沉积的产物，如碳酸盐类、泥晶灰质岩、石灰岩等。

实践证明，能够制作砚台的岩石都是沉积岩和变质岩，火山岩是绝对不能用来制砚的。从古到今，中国生产的砚台数百种，尽管产地、名称、质地、纹色都各不相同，但它们都出自远古时陆表海下的沉积物体。松花石属于沉积岩，即水成岩，形成于8亿年前的元古宙新元古代青白口纪，赋存于元古界青白口系的南芬组地层中，多为黄绿色，是一种海陆交替沉积形成的泥晶灰岩。

地质部门的一份《华北新元古代地图》（图2-1-1）显示，10至8.5亿年前，贯穿于华北大地与东北方位的很多地方都是一片浅海，称为"燕辽陆表海"，这个"辽"便是生成松花石的地方，那时候沈阳以东的通化、白山、本溪等大片山河都淹没在浅海里。后来，浅海变陆地，陆地变成浅海，不知经历了多少次这样的演化变迁，当年在水下沉积着的碎屑泥质组合体和浅海石英砂及碳酸盐物体就变成坚硬细腻的石头。它们随着上升隆起的地壳变成陆地山川，改变了原来的水平状态，有的深埋在土中，有的层层叠叠斜插在山崖上，其中一部分就是今天的松花石。

从产自各地矿坑的松花石来看，真正品质优良的石材都来自距地表 10m 以内的岩层和泥土中（图 2-1-2），那些色彩丰富、石质温润、纹理绮丽的精品砚石，往往出于距地表 2m 左右深的土地里，孕育在湿润的泥土中或者常年浸泡在河床下，一些奇形怪状的孤石则藏在湿润的黏土中。那些裸露在光天化日之下的砚石，则大部分质地坚硬或严重风化，难以制砚。

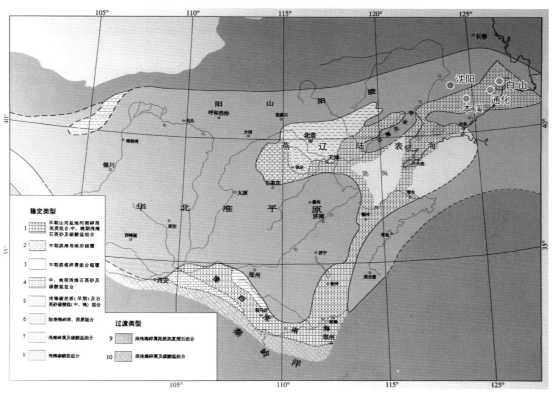

图 2-1-1   华北新元古代地图（燕辽陆表海）   图片摘自董佩信、张淑芬编著《大清国宝·松花石砚》

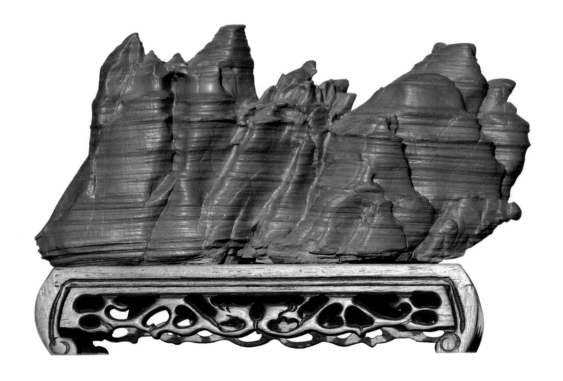

图 2-1-2　松花奇石　刘祖林藏

第二节　松花石的矿物成分和物理测试

根据有关地质部门的鉴定结果，松花石的主要矿物成分为：方解石含量 65% 至 80%，粒径 0.015 至 0.006mm，石英含量 5% 至 25%，粒径 0.008 至 0.1mm，黏土矿物含量小于 10%，粒径 0.003 至 0.01mm，此外，还有少量的绿泥石、绢云母、金属矿物等。质量较好的松花石，其质地细腻有芒、缜密润泽、硬度适中，在摩氏 3.4° 至 4.5° 之间，抗压、耐酸耐碱性好，吸水率在 0.25% 至 0.90%，矿物粒度小于 0.1mm。这些都与端、歙大抵相当，为珍贵的砚石原料。

吉林省通化市地质矿产调查开发院对松花砚石做了物理测试，结果如下：

项目	绿色石	紫色石	备注
比重	2.71	2.72	
干密度（g/cm3）	2.66	2.61	
湿密度（g/cm3）	2.67	2.64	
吸水率（%）	0.25	0.98	
抗压强度（干）（MPa）	96.66	78.13	
抗压强度（湿）（MPa）	91.46	70.66	
抗冻系数（%）	0.95		
紧密度（%）	98.15	95.96	
孔隙度（%）	1.85	4.04	
软化系数（%）	0.94	0.90	
重量损失率（%）	0		
强度损失率	5.96		
Ph 值	9.66—10.43	9.37	
硬度（莫氏）	4.4	4.0	
耐碱（%）	99.96	99.97	
耐酸（%）	99.63	99.94	HCl
矿物粒度（mm）	0.006—0.015	0.006—0.02	
石英含量（%）	<10	10—25	
耐酸（%）	99.54	99.45	H_2SO_4

第三节　松花石的地理分布

　　根据目前的发现和探测，松花石主要集中在吉林省东南部和辽宁省东部的三个地区，即吉林的通化地区、白山地区和辽宁的本溪地区。通化地区主要是二道江区的仙人洞，通化县大安乡的湖上小围子、湖下西大坡和二密镇葫芦套、孤砬子、青沟子及柳河县三源浦；白山地区主要是江源区的胡家沟、五〇一、后葫芦和市郊的板石、吊水、库仓沟；本溪地区主要是桥头镇、大黄柏峪、南芬区思山岭、桓仁县普乐堡镇和辽阳、瓦房店，储量十分可观。

　　上述松花石的地理分布情况，更加证实了康熙皇帝认定的"皇家龙脉""盛京之东，砥石山麓"出产松花石之说言之确凿，绝非臆断。

青铜砚　20cm×41cm×4cm　鞠展鹏作

第三章　松花石的品种、色彩、石品和坑口

　　松花石发展到今天已具有六大色彩系列，50 种石品，即绿色系列、紫色系列、黄色系列、白色系列、黑色系列和彩色系列。发现和采石的新、老坑口 10 余处。

第一节　松花石的品种

一、板岩类

板岩是由亿万年前陆表海海水把水下山体中所含各种不同的矿物质一层一层沉淀下来形成的。由于水下的地势不平，沉积的物体根据地势深浅而形成的沉积层面造成了今天岩石的不同厚度，而且由于每个阶段矿物成分不同，矿石所呈现的颜色也就不同，这样就形成了我们今天所见到的宽窄不一、浓淡有变的松花石刷丝纹理和飘逸灵动的云丝纹理。（图 3-1-1）

这种板岩只要是大面积的叠摞在一起，便能从中见到条条深浅不同、均匀平直的线条，有的是石中纹理，有的则是层次之间分别断裂的缝隙。这种缝隙相隔的石板有薄有厚，薄的只有几毫米、几厘米，厚的会达到十几厘米、几十厘米。通化、白山地

图 3-1-1　沉积为岩层的松花石板料

区所产板岩一般多在 2 至
10cm 之间，辽宁地区所产
板岩体积大、多厚层，一
般在 10 至 50cm 之间。

　　板岩看似面积大、有
厚度，但因受到岩石中断
裂的黄色水线和横向存在
的白色石英线影响，要想
筛选出好的砚料也比较难，
特别是石英线当中的白色

图 3-1-2　孤独存在的松花石

晶体有时非常坚硬，出现在砚堂中一是不利于研墨，二是影响视觉，所以，在选材制砚
中一定要剔除。

二、孤（奇）石类

　　所谓孤石，是指单独存在的松花石（图 3-1-2），它不像板岩类是大面积叠摞在一起，
而是单独包裹在泥土中。这类松花石也有一种板状的孤石，出土时表面土质很少，平面
上和边缘上比较光滑，形状多为不规则的方形、长方形，稍加修整即可做成规矩型砚。
另一种是边缘奇异、周身变形的孤石，通常人们称之为奇石，这中间扁形的可以用来制砚。
根据奇石的石形、肌理去进行构思创作，尽量保持原生态和自然之美，这就是现代松花
砚中的天成砚或奇石砚。此类砚具有独特的艺术表现力和感染力，是其他砚种和板岩类
松花石制成的砚所不能比拟的，但这种砚的制作需要作者有"大象无形"的灵感和"抽
象思维"的潜质，所以设计、制作起来也有很大的难度。

　　用松花石中的奇妙之石来制砚，早在康熙朝开发松花砚的初期就受到格外重视。现
存台北故宫博物院的"甘瓜石函砚"和"木笔花式砚"，便是运用砚石自然原型创作而
成的精品，乾隆朝编辑的《西清砚谱》有记载和图案。

第二节　松花石的色彩和石品

一、松花石的色彩

松花石的色彩经过近 40 年的发掘，已从松花砚初产时单一的绿色发展到今天的六大色彩系列，即绿色系列、紫色系列、黄色系列、白色系列、黑色系列和彩色系列。若按色阶细分则可达百种，可谓五彩缤纷。

1. 绿色系列

绿色系列是松花石中比例最大、最有代表性的砚材，产出和使用的年代也最悠久。甘肃洮砚的绿漪石称为鸭头绿，就是说像野鸭头部的绿色，而松花砚的绿色是松花绿，就像四季常青的松柏绿叶。长白山的松树叶一年四季有深浅变化，绿色松花石也具有多重的色阶。通化地区湖上坑产的松花石料就如同春季里萌发出的新鲜松树新叶，是一种娇嫩灼人的翠绿；白山地区的松花石就像秋季里的松叶，是一种浮沉厚重的老绿和深绿。这些绿色淡的像一湾春水，偏蓝色的像松柏上浮了一层霜，还有的像围栏的水面上泛着的绿波，充满着诗情画意。

2. 紫色系列

紫色系列在松花石中占的比例也比较大，一般绿色松花石产出的地方都会有一定数量的紫色砚石，生成板材的地方更多。它们常常是紫绿相间混层生成，人们称之为线石，或美其名曰紫袍玉带石。同为紫色，其与端砚、苴却砚、贺兰砚、易水砚的紫是有差异的。

图 3-2-1 松花紫石龙眼砚 刘祖林作
1980 年首次发现带石眼的松花石

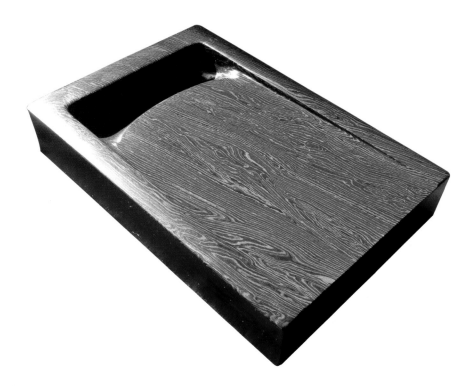

图 3-2-2　松花石鸡翅木纹砚　通化市青龙松花砚雕刻厂提供

同为紫色，松花石的紫层次分明，一层深紫夹着一层浅紫，层出不穷。纹饰清晰的砚堂会出现美丽的纹理，像云锦，像行云，像流水，千姿百态。制砚人借物喻物地将近赭者命名为蒸栗，偏褐色者叫猪肝色等等，尽享"紫气东来"带来的想象空间。（图 3-2-1）

3. 黄色系列

黄色系列的砚石储量相对较小，有孤石，亦有板材。黄色有一种雍容华贵的感觉。黄色分多种，有浅黄、中黄、深黄、土黄和蛋黄之分。清雅者如丝绢，艳丽者如柠檬。黄色砚石有单独一色的，也有一块石料中分为黄、白两色的，这种情况人们往往称其为金包玉或叫黄金裹玉。木板纹和虎皮纹是黄色系列中的一绝，那深色纹理丝丝环环排列，酷似松木板材上的木理年轮，而深色纹理粗细不均、伸展不齐，弯曲变化中不规则地排列，恰如老虎身上的斑纹。（图 3-2-2）

4. 白色系列

白色松花石绝大多数都是寄生在黄色松花孤石或板材中，色如汉白玉般纯净，石质却十分细腻，有乳白、银白、瓷白和灰白泛绿等多种，温润宁静，晶莹剔透。尽管白色的松花石较为常见，但想要得到一方丝纹清晰、洁白无瑕的上乘好料却十分困难。因为白色松花石裹在黄色松花石中，不切割无法一睹真容，其选料像赌翡翠原石一样，但又不能像赌石一样开个天窗去观察，因此其精料更是凤毛麟角。所以，得到一方好的白色松花砚料需要有缘，需要千里挑一。

5. 黑色系列

黑色的松花石相比白色的松花石更为珍稀。在查阅清代关于松花砚的文字资料和当代出版的松花砚图录中，均没有发现纯黑色的松花砚。唯有首都博物馆收藏一方清代黑褐色松花砚，但经考证，它并不是通化地区出产的黑色松花石所制。2003年，在通化仙人洞附近的一个山坡上，在一条被洪水冲出的1m多深的沟底曾经发现有一种漆黑如墨、细腻如煤精的松花石，硬度要比其他颜色的松花石略软，其研磨出的平面上会出现一排排宽窄不等、深浅不同的刷丝纹理和黑丝棉纹，非常美妙。然而，这种石头是当年某工厂施工时在地下8m处挖出后丢弃并填充在出土的位置上的，原来挖出石头的地下已注入钢筋水泥，上面也盖了厂房，故无法得知地下究竟还埋藏有多少这种黑色的松花石，也无法再得到这种黑色松花石了。此外，在附近的山林中还埋藏着一些黑灰色无图案的松花石，在河流中还有一种像和田玉中的籽料一样的籽石和河磨石，石中纹理曲折变化，别有一番意境，但这种松花石石质偏硬（5°左右）。

6. 彩色系列

彩色松花石可以说色谱中的红、橙、黄、绿、青、蓝、紫都有，如果把复色和补色都计算在内，说它有上百种也不为过。

改革开放以来，松花砚和松花观赏奇石的市场逐年兴旺，原材料的需求与"石"俱进，于是，新的砚坑和新的砚石品种相继被发现和开挖了出来，极大地丰富了松花石的色彩。这些彩色松花石有的是几种颜色交织在一起，有的是一种颜色中局部夹杂有其它的颜色。纹理往往像木纹、龟纹、闪电、星空、花朵、眼睛，奥妙无穷。特别是21世纪初，通化地区发现了五彩缤纷的松花彩石，好像在绿荫中绽放出了一簇鲜花，让松花砚的设计雕刻有了更为宽阔的视野。

二、松花石的石品

松花石的石品称谓在清代还没有出现，那是因为当时所见到的石品和颜色太少。经过近 40 年来新的砚料种类的开发和制砚人员的实践，除保留原来石品常用的称号外，此书又重新按色彩分类，整理编排了常用六大色彩系列，50 种石品名称，供雕砚者、赏砚者和藏砚者参考。

石品名称主要是依颜色的色相和色阶、砚石的肌理图形以形喻物来命名，比如"刷丝"，就像一排刷子刷过的丝纹，"云锦"像锦缎中的"云锦"，"松板"像松木板材等等。除此之外，彩石系列中因几种颜色混杂相生，只好以感悟自然景象的方式来命名。

1. 松花石石品常用名称

绿色系列：翠绿刷丝、青绿刷丝、深绿刷丝、蓝绿刷丝、松花静绿、松花淡绿、云丝绿、锦纹绿。（图 3-2-3 至图 3-2-16）

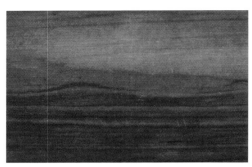

图 3-2-3　紫绿刷丝（古峡坑，白山）

图 3-2-4　宽带绿刷丝（桃园坑，通化）

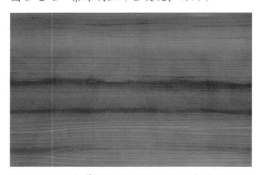

图 3-2-5　灰带刷丝纹（思山岭，本溪）

图 3-2-6　绿刷丝（湖上坑，通化）

图 3-2-7　蚕影绿刷丝（瓦房店，辽宁）

图 3-2-8　翠琊绿（仙人间，通化）

图 3-2-9　蓝绿云锦纹（独石坑，通化）

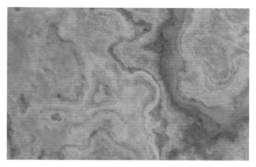
图 3-2-10　深绿云锦纹（独石坑，通化）

图 3-2-11　豆绿（仙人洞，通化）

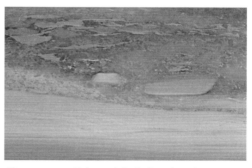
图 3-2-12　绿籽石（古峡坑，白山）

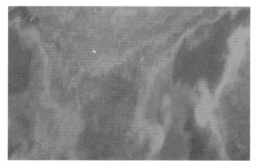
图 3-2-13　蓝绿云锦纹（古峡坑，白山）

图 3-2-14　静绿刷丝（湖上坑老坑，通化）

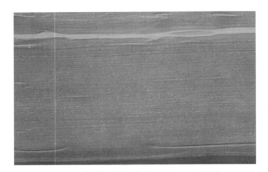

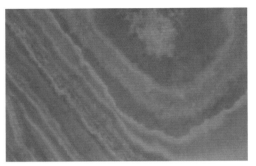

图 3-2-15　宽绿刷丝（古峡坑，白山）　　　图 3-2-16　深绿云丝纹（库仓坡，白山）

　　紫色系列：紫栗刷丝、紫肝刷丝、绛紫刷丝、紫绿刷丝、紫檀木纹、紫袍玉带、蒸栗猪肝、绛紫、云锦紫。（图 3-2-17 至图 3-2-27）

图 3-2-17　紫绿相间（独石坑，通化）　　　图 3-2-18　猪肝（小黄栢峪，本溪）

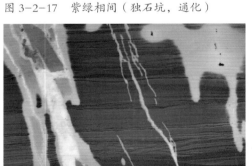

图 3-2-19　翠玉冰融（白山）　　　　　　　图 3-2-20　紫檀木纹（独石坑，通化）

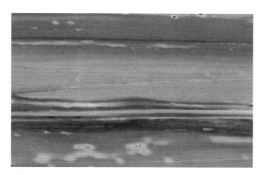

图 3-2-21　海潮纹（古峡坑，白山）

图 3-2-22　绛紫色（桃园坑，通化）

图 3-2-23　紫色刷丝（桃园坑，通化）

图 3-2-24　紫檀木纹（独石坑，通化）

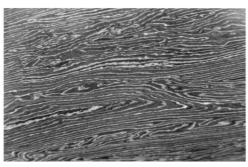

图 3-2-25　鸡翅木纹（独石坑，通化）

图 3-2-26　紫绿刷丝（古峡坑，白山）

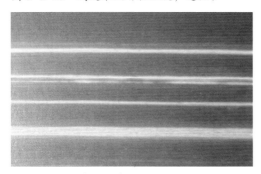

图 3-2-27　紫袍玉带（桥头坑，本溪）

黄色系列：松板刷丝、年轮木纹、虎皮黄、金包玉、浅黄纹、中黄、橙黄、土黄、橘红。

（图 3-2-28 至图 3-2-38）

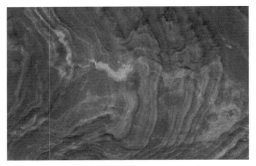　　

图 3-2-28　深黄虎皮纹（桥头坑，本溪）　　图 3-2-29　年轮木纹（西大坡，通化）

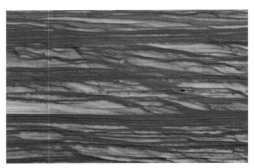　　

图 3-2-30　深黄虎皮（西大坡，通化）　　图 3-2-31　浅黄虎皮纹（桥头坑，本溪）

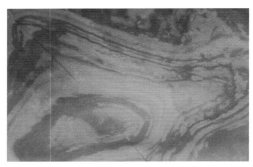　　

图 3-2-32　深黄云锦纹（桥头坑，本溪）　　图 3-2-33　松板木纹（西大坡，通化）

　　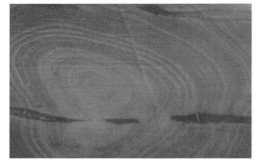

图 3-2-34　松板木纹（思山岭，本溪）　　图 3-2-35　深黄木纹（白山）

图 3-2-36　年轮木纹（西大坡，通化）

图 3-2-37　金包玉（西大坡，通化）

图 3-2-38　金包玉（思山岭，本溪）

　　白色系列：瓷白刷丝、乳白刷丝、灰白刷丝、银白刷丝、瓷白、乳白、灰白、银白。

（图 3-2-39 至图 3-2-42）

图 3-2-39　瓷白（西大坡，通化）

图 3-2-40　银白（思山岭，本溪）

图 3-2-41　海潮纹（古峡坑，白山）

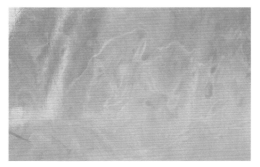

图 3-2-42　乳白（思山岭，本溪）

黑色系列：炭黑刷丝、浅黑刷丝、黑云锦、黑褐、黑墨。（图 3-2-43、图 3-2-44）

图 3-2-43　炭黑刷丝（仙人间，通化）　　　图 3-2-44　黑墨（仙人间，通化）

彩色系列：唐三彩、血丝红、七彩虹、晚霞、金秋、星点、石眼、冰线。（图 3-2-45 至图 3-2-55）

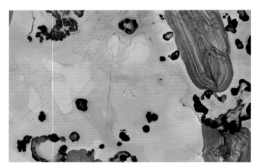

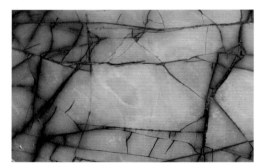

图 3-2-45　金钱（思山岭，本溪）　　　　图 3-2-46　血丝黄（独石坑，通化）

图 3-2-47　彩霞（独石坑，通化）　　　　图 3-2-48　彩虹（三源浦，通化）

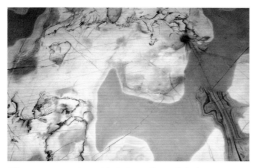

图 3-2-49　唐三彩（独石坑，通化）

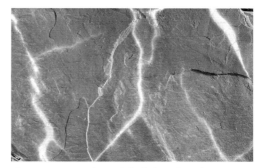

图 3-2-50　闪电纹（古峡坑，白山）

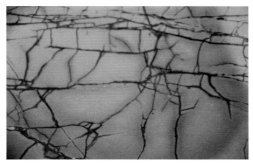

图 3-2-51　血红丝（独石坑，通化）

图 3-2-52　七彩虹（独石坑，通化）

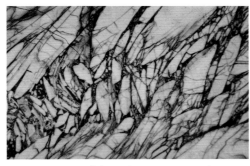

图 3-2-53　彩黄籽石（独石坑，通化）

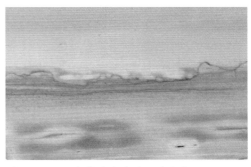

图 3-2-54　彩霞（古峡坑，白山）

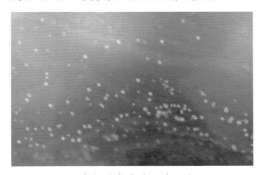

图 3-2-55　星点（古峡坑，白山）

2.品相比较

由于松花石各色系的每一种砚石产石坑口不同，故石色品相也有差别。

同样是绿色松花石，平面切割石面就会出现绿色无花纹或云刷丝，立茬切割石面则出现浓淡、宽窄不同的刷丝纹，而刷丝纹饰不单是看起来赏心悦目，更主要的是易于下墨，这也是古今以来人们选择它制砚的主要原因。

白山地区古峡坑的绿石偏蓝绿色，石料体积适中。10cm 至 80cm 厚的板材较多，10cm 内以无刷丝纹、静绿无花为特点，10cm 厚度以上则可切割成横向刷丝砚坯，条理均匀，排列有序，非常优美，是雕刻仿清宫砚和精品文人砚的必选之材。

通化大安乡湖上坑和二密镇独石坑的绿石偏草绿色，被称为葱心绿。这里的刷丝砚材密度均匀，手感舒适，色彩非常柔和，是雕刻精品砚的最佳石品，但需认真筛选、仔细切割才能找出完美无瑕的砚料来。孤石坑则多是孤石，适宜做观赏奇石。

本溪地区思山岭的绿石偏灰绿色，个别层中有黑点，石质较粗、偏干，体积较大，刷丝纹理较宽，深绿色较少见。

辽阳瓦房店产的绿石块大，中绿色，纹理清晰略宽，但条纹软硬不一，制出的砚只具观赏性，不适于用来研磨。

本溪桥头镇小黄柏峪的线石也称紫袍玉带石，紫绿鲜明，线条平直，是制作仿宫廷砚外盒的最佳石品。

辽宁地区的黄松花石体积大而完整，很少有冰线、水裂，虎皮纹和松板粗纹多有变化。相比之下，吉林通化地区黄色砚石体积小，纹理细密，往往黄中含白，出材率低，优质砚材也少。

以上只是列举几个石品进行对比，这也是松花砚制砚人在长期实践中摸索出的结论。而且，即使同一矿坑的石质也不完全一样，或许坑旁移动几米或坑下深挖几米，都会出现意想不到的变化，这些也有待于今后进一步发掘和研究。

第三节　松花石的坑口

据粗略统计，松花石目前发现和采石的坑口有十余处，还有一些极小的零星矿点没有计算在内。这些坑口可分为老坑和新坑两类。所谓老坑，即历史遗留下来的矿坑；所谓新坑，是指松花砚恢复生产以来新发现和开采的矿坑。（图 3-3-1）

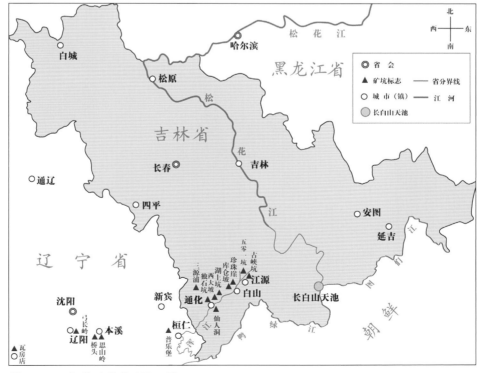

图 3-3-1　松花石的产石坑口图

一、老坑

1. 仙人洞

仙人洞位于通化市二道江区。浑江岸边长盛村旁的磨石山有大小两个山洞，是清代采掘松花石的遗址。大洞产绿石，残壁上部颜色、石质较差，残壁根部色深石润，是制砚良才。距大洞 500m 外的小洞里都是紫色和紫绿相间的砚石，矿层较厚，石质纯净。

由于 20 世纪 50 年代建筑用石和 70 年代改建铁路线路，将大洞和崖壁炸掉，石质优良的绿色崖层已全部被掩埋在铁路的道轨下无法再得，而小洞在铁路 30m 保护区内，况且这里又是市区范围，也不能开采。因此，这个历史悠久的老坑也只能留给后人一个美丽的传说。至于仙人洞周边的黄土岗下及工厂、民宅的地下是否还蕴藏着黑色、白色、黄色或其它的石种就不得而知了。

2. 湖上坑

湖上坑是 20 世纪 70 年代末除了仙人洞之外在通化县大安乡湖上村发现的又一处老坑，这个坑应该也是清代所遗。当年从深陷于山间的大坑和令人惊悚的蝙蝠洞来看，它已沉睡了几百年。虽然当代又重新采掘，但与松花砚恢复生产后新发掘的诸坑比，它也是一个老者。

矿坑所在的山坡下方有一个早年的人工湖，湖上坑的名称由此而来。人们也习惯地叫它小围子。这里从 1979 年重新破土取石，一直到 20 世纪 90 年代末，只有一家小厂保护性开采了 20 年。2000 年，大批地表层下的松花奇石被盗挖，当地政府遂于 2004 年对矿坑采取了保护措施。

湖上坑的石材多为块状，石层较厚。坑中常年积有雨水，石上四季流淌山泉，因此，该坑砚石石质沉稳润泽。砚石色彩葱绿，刷丝纹理均匀，是极佳的制砚材料。现在，如果谁手中有方湖上坑的好刷丝砚料，就像肇庆人手中有方老坑端石一样珍贵。20 世纪 80 年代初，湖上坑山底部的树林中曾在地表土下发现过几块紫色带石眼的砚料，非常稀奇，后来就再也没有找到过。

3. 小黄柏峪

辽宁省本溪市桥头镇的小黄柏峪位于桥头镇南侧一个山沟里，也是历史上的松花石

图 3-3-2　本溪桥头镇　小黄柏峪坑

老坑（图 3-3-2）。从遗存的清宫御砚看，很多装松花砚的石匣用料都出自这里，开创了中国制砚业用一种石制砚又配盒的先河。

　　这里的板材宽大平整，有单一紫色的紫云石，有单一绿色的绿云石，还有一种紫色平板中夹着绿色石层的线石。当年，清宫御用松花砚盒即用大面积紫石制盒身，盒盖的面上则用绿色薄层雕刻图案，使其与盒身之间产生色相对比。如今，辽砚也善于利用多层线石雕刻山水、花鸟、人物、龙凤等图案，紫绿色分层俏色，非常有层次感。

　　将近年来吉林、辽宁两省各地采挖和使用的松花石与清代松花砚相比较，除了仙人洞、湖上坑的绿石砚料和小黄柏岭的线石盒料外，在白山和其他地方的荒烟蔓草中，应该还有古时获得精品松花石砚料之处，有待于今后继续考证搜寻。

二、新坑

　　时至今日，松花石新发现的矿坑大大小小约有十多处，如果把这些矿坑串连好，真

图 3-3-3　江源　胡家沟古峡坑

好像康熙皇帝所称，是一条"龙脉"，从长白山天池一直向南延伸到渤海湾。但是，其中真正长期使用、大量开采的矿坑却只是为数不多的几个。这里按南北顺序将其中七处介绍如下：

1. 胡家沟古峡坑

古峡坑（图 3-3-3）位于白山市江源区协力村胡家沟，因为附近有远古生物化石和寒武奥陶纪遗迹，便取其意称古峡坑。此坑从 2003 年发现松花石后便开始采挖。胡家沟是一条细窄的沟谷，向沟谷中走 1km，左边山底是紫色的石坑，闪电石和龟背石就出在这个坑里。再向前 100m，绿色和蓝色的板状砚石层层叠叠斜插在大坑里。这里是通化和白山两地以及安图、长春等地砚业取材最多的矿坑。

古峡坑的砚料纯净，云丝清晰多变，水锈、冰线很少，是雕刻随形砚和现代工艺礼品的首选石材，个别材料切成刷丝的砚坯，还可以做仿清宫御砚。

在胡家沟对面公路旁有一条河，是浑江的发源地。2000年后，在河边的一处紫色岩层中，有一种为数不多的紫色星点石产出，磨光砚石，表面星点就像茫茫夜空中有疏有密的繁星。星点多如黄豆般大小，偏大的中间如果有黑色的斑点，便是松花石中的石眼了。采挖这种眼石只能在秋后水流减少时方可。

后葫芦的松花石石色灰绿偏紫，色相浑浊，多为各种形态的奇石，板料极少，产量不大，见世不多。

"五〇一"是林业部门的林区标号，这里主要产夹带较宽、绿色彩带的紫色松花石，以奇石居多，可供观赏，其中，扁形薄料可制砚。特别是一种紫绿混生或灰、白、紫、红各色浓淡变化交织在一起的石品，可设计雕刻成"瓦当"、出土的"金属器具"，古拙沧桑，雕刻成枯枝树叶就更加出神入化。

2. 板石沟珍珠崖

板石沟得名于这个山沟里有很多板状的石头。珍珠崖是板石沟珍珠门与吊水村中间马路旁一个几十米高的石崖。蓝绿色的松花石露天而立，石层薄且较硬，敲击声清脆。由于常年日晒，石色灰白，色单无纹。小片薄料可制一些简单的小砚。石崖附近的山坡上也出现过绿色石板，但冰线较多。从新坑新料被发现开采后，各坑石料的颜色和质地都好于这里。2005年后，已很少有人再从这里取料，逐渐被人们遗忘了。

3. 库仓沟库仓坡

库仓沟的库仓坡在白山市浑江北岸五六千米的山沟里，与珍珠崖相隔三道山梁，是20世纪90年代初在白山地区发现的第一个矿坑（图3-3-4），其偏蓝绿色的板石是顺着山势生成在陡峭的山坡上的。

库仓坡的精品石种处在矿脉表层的黑土下面，由于松软的地表腐殖土中包含的大量水分对砚石多年的渗润和滋养，其石质温润细腻。这种砚石色绿声清、层次清晰、纹理分明，云丝纹石品较多，是制作现代工艺砚的理想之材。

4. 独石坑

独石坑在通化市郊的葫芦套、孤砬子、青沟这三个水土相连和互相依存的村子地域之内（图3-3-5、图3-3-6）。所谓的独石坑应该是孤石群，就是说砚石不是集中在一

图 3-3-4　白山　库仓坡坑

图 3-3-5　通化　独石上坑

图 3-3-6 通化 独石下坑

个坑内，不成整体，而是断断续续出现在山坡或沟谷中，埋藏在地表土层下。多的地方一个坑能出几十吨石材，少的地方能出几百公斤或几十公斤，甚至是几公斤的小块。

这里矿坑产的都是彩石，各有特色。葫芦套村出三彩、五彩、七彩，石品较多，无论是翠绿还是红、黄、紫、白混合生成的石材，都非常鲜艳美丽。孤砬子村的砚石往往是黄、蓝、紫、白并存并互相结合在一起的彩石。青沟村出紫云丝或紫檀木纹的彩色石。有一些紫色带云丝的彩石中包裹着白、蓝、黄等颜色，十分夺目耀眼，很利于砚雕师们巧借石色，尽情发挥。

葫芦套村东侧桃源二水源湖边和水下藏有深绿云丝、绛紫、星点和紫袍玉带及紫绿二色砚材，但由于要保护城市饮水资源，原则上不得开采。

5. 湖下西大坡

湖下的西大坡，在其黄土中出黄色孤石，有黄中含白的金包玉，有虎皮纹、木板纹等石品，其中有一种黄石中裹着翡翠般的绿色，极为罕见。但这些黄色孤石块小，成材率低。孤石中多为奇石，也有独板石，是雕刻自然浑朴的天成砚的理想选择。

6. 柳河县三源浦

2008 年，在柳河县三源浦镇郊区农田旁的土层下发现了怪异的松花石，是松花奇石中的奇石。奇石的边缘和夹缝中都长满了墨绿色棉团状的异物，像是燃烧后的焦炭。石身上的褶皱顺畅自如，时续时断，远远看上去如同江南山水画中的山峦奇峰。由于这里距离远古时期地下岩浆喷发过的火山口三角龙湾很近，松花石被地热灼烧过，沉积层已不再平直均匀，而是相互扭曲，奇形怪状。还有一些周身圆滑的石块，裸露在地面上或掩埋在表土中。

石的外表大部分是灰绿色，剖开后会出现红、白、黄、绿各种不同色彩的曲折石纹或石线，其不像葫芦套彩石那样以不同的色块和色线组合在一起，而是在宽窄不匀的刷丝或彩带中显现出来，色差逐渐过渡，就好像中国水墨画中的墨晕。用其制砚能激发热

图 3-3-7　本溪　思山岭坑

情奔放的灵感，创作出生机勃勃的作品。但砚石中破碎现象严重，只能筛选出一些小型砚料。

7. 南芬区思山岭

思山岭坑（图3-3-7）在本溪市南芬区思山岭镇的河边上。河边有一处陡立的山崖，远远望去像是一排残存的古长城。虽然它没有像长城城砖那样的缝隙，但那横向延伸的岩层非常平直。这说明，尽管经历了沧海桑田的地壳运动，这里的沉积岩却没有受到影响，依然保持着水平状态。在这里的黄土中，埋藏着体积硕大的淡绿色松花板石，有些只能用推土机和挖掘机才能采到。坑中也有少量的黄色和紫色的石板。

由于石材厚而宽大，所以，需要大型切割设备才能下料，成才完整，出材率高，瑕疵也少，但颜色偏淡，刷丝纹理粗大，只适宜制较大型或巨型的装饰性松花砚。

思山岭是近年发现的新坑。这里虽然离小黄柏峪较近，但这里的松花石却同小黄柏峪的青云石在石质与石色上有明显的区别。从表面特征看，它倒是与通化、白山两地的松花石相仿，只是两地沉积物的物理化学成分有些差别，导致二者在石色和石纹上有一些差异。

四足龙腾砚　20cm×20cm×8cm　刘浩音作

第四章　松花砚的雕刻和艺术风格

松花砚以其端庄的器型，华美的图案，多彩的石色，精良的
雕工充分彰显了庄重、大气、神圣、富贵的皇家气派。

第一节　清代辽吉地区的民间制砚

　　如前所述，砚作为古代不可或缺的书写工具，清代以前松花砚肯定是有的，即使当时通化、白山、本溪等地区文化再落后，但少数的文人、秀才、账房先生、看病郎中等也还是离不开砚的，故那里的人们会就地取材，用当地百姓拿来磨斧磨镰、士兵磨刀磨矛的岩石（图4-1-1）用来制砚，只是产量少、影响小，没有引起广泛的注意。由于没有明确的文字记载和实物遗存，这些砚台的制式、图案、雕刻风格都不得而知，故不敢妄言。而清代的松花砚雕刻一直在宫廷中进行，民间很难一睹真容，更谈不上模仿，故这一段的民间制砚情况也是空白，直到松花砚重新恢复生产。倒是作为松花砚的近亲，辽砚和朝鲜产的渭源砚有一些记录可查，也有一些遗物可看，我们或可从中推断出那一时期松花砚雕刻的一些情况。

图4-1-1　松花石磨刀石（20世纪30年代）

图 4-1-2　现代辽砚　本溪华砚石产有限公司提供

辽砚最早可追溯到明代。姜峰先生在《关东辽砚古今谱》中考证，明弘治时期，朝鲜官员李滉在其《迟溪先生文集外集》卷一中有"青石砚从辽地产青石岭，在辽东，一洞皆青石，取以做砚，清润甚佳"的明确记录。明嘉靖年间，朝鲜官员尹根寿的一首题为《青石岭新出砚石》诗写道："漫山山骨色浑青，玉质真同歙砚形。巧雕凭谁做新样，晴窗端合注玄经。"似可见到当时辽东地区制砚的影子。（图 4-1-2 至图 4-1-4）

在沈阳故宫博物院有一方明代名为"双龙浴海"的大砚，青绿石，长方形。砚面青白云锦状纹饰，高浮雕双龙翻腾于水中，砚背覆手雕读书人物，人像上部阳刻"万历年制"印章，形制和雕工明显出于民间。该院收藏的清乾隆年间的"商贾行旅砚"和"溪山行旅砚"则是清代民间制砚的代表作。

民国期间辽砚的雕刻特点为早期方形、长方形较多，中期受日本风格影响，多功能（套砚）款式比较多，一般偏窄长形，还有用俏色在砚盖上雕出喜字或花鸟图案等。

民国后期，一些自然随形砚和其他各种造型砚相继出现，趋于多元化。20 世纪 40 年代后，由于战争，该地区的制砚业也就停止了。

20 世纪 30 年代，通化地区曾出现过一批砚台，尺寸大都在 15cm 左右，开传统的长方形砚堂、砚池，砚堂平顺，墨池宽敞，罗汉肚圆润，边缘线规矩，很有唐宋古砚风格，

图 4-1-3　用青云石雕刻的辽砚

图 4-1-4　用青云石雕刻的辽砚

砚背铭刻"创业五周年纪念东边道开发株式会社"，落款"渭原端溪石"。砚盖黄褐色，沉积层与松花砚相似。渭原是地名，位置在通化与本溪之间鸭绿江对岸的朝鲜境地，该砚石应是松花石同一矿脉（图 4-1-5 至图 4-1-7）。至于"端溪石"应是指"砚石"的意思，清代也常称松花石为"绿端石"，而"东边道"之"东边"，是清代用植柳为障，划定皇家龙脉之地的边界。"东边道"即为"龙脉之地"的东边界，通化就处在这里。由此，也可见该地区民间制砚风格之一斑。

图 4-1-5　20 世纪 30 年代朝鲜渭源产砚　郭军藏

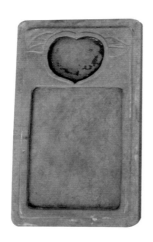

图 4-1-6　20 世纪 30 年代朝鲜渭源产砚　郭军藏

图 4-1-7　20 世纪 30 年代本溪桥头产日式组合套砚　郭军藏

第二节　清代的御用松花砚雕刻

中国的砚从史前文化的研磨器到秦汉时期的砚堂与砚池共存的砚，再到今天，形制一直在丰富，但由于古时砚台主要追求实用，因此，基本上是简单直白、不重雕饰。随着社会经济文化的发展，唐宋时期以石制砚成为文人墨客追崇的时尚。由于文人雅士具有一定的审美素养，所以，砚在使用功能上又融入了美化装饰的内涵，所以唐、宋、明时期的砚往往简洁中求精练，朴实中有大美。一方小砚，从器型比例到边缘棱角，从对称均衡到直边曲弧，每一样式都包含着砚文化的独特韵味。

清代的松花砚被列为宫廷御用砚后，砚从书香门第的文房走进了威严庄重的大内，从而身价倍增。它已不是单单的研磨工具，表现的也不仅仅是实用功能，而是供皇帝御览赏玩、恩赐臣属的珍品重器，是一种至高无上的皇权象征。正因为如此，所以从圣祖康熙皇帝颁旨雕琢松花砚开始，诞生于皇宫内廷的松花砚就披上了华丽而高贵的外衣。尽管皇宫造办处集中了南方各派的雕砚名手，但砚的制式、纹饰、风格必须按皇帝的喜好和旨意进行。有时皇帝还要亲自设计，钦定诗句、铭文，御笔书写镌于砚上。制作中，工不厌细、艺不厌精，艺术风格既来源于民间，又与民间有较大区别，既吸收了各砚雕流派的精华，又不拘于某个流派，形成了独具一格的"官作"。其端庄的器型、华美的图案、多彩的石色、精良的雕工充分体现了雅、秀、精、巧，充分彰显了庄重、大气、神圣、富贵的皇家气派，令其它贡品名砚黯然失色。

图 4-2-1　仿清　康熙　松花石嵌鱼容德砚

图 4-2-2 仿清 雍正 松花石葫芦砚

　　康、雍、乾三朝的松花砚多为长方形（图4-2-1），尺寸一般在15cm左右，也有少量圆形、椭圆形、八角形及葫芦形（图4-2-2）、蚌形等。普通采用绿色刷丝石横向雕刻（有的用绿刷丝石在其它颜色的砚身上镶嵌砚堂），多数为宽敞砚堂，砚池中部浅浮雕动物与花草、龙凤图案，砚顶及砚边雕刻连续纹样，砚背设覆手，多镌刻皇帝题铭和年号。砚之所以很少用高浮雕和透雕，除与皇帝的喜好和清代文人审美意识有关，其石质偏硬、不易雕刻也是一个原因。

　　从清代遗留下来的松花砚来看，康、雍朝由于初始琢制，石色、石品、款式不多，而到了乾隆年间，松花砚的石质、颜色、款式都有了较丰富的变化，这除去乾隆皇帝本人对文房赏玩的兴趣所致，也应当归功于康熙朝以后不断开采出了各种颜色的石材。（图4-2-3）

　　清代的御用松花砚多配松花石砚盒，这是其它砚种很难做到的。其主要原因：一是松花石多彩多层的性质及俏色雕刻是木制砚盒所不具备的；二是北方气候干燥，木头容易干裂变形，而石盒具有不变形、不开裂、不腐朽的特点；三是盒中之砚简洁实用，砚外之盒绚丽多彩，更能体现典雅富贵的皇家气派。

图4-2-3　仿清　乾隆　松花石荷塘蛙鸣砚

第三节　现代松花砚雕刻的风格

自松花砚恢复生产以来，从业人员不断增加，雕刻技艺不断提高，一大批优秀人才脱颖而出，松花砚的风格也逐渐形成。这种风格既包括了清代皇宫的雍容华贵，又包括了东北大地的乡土气息，还包括了现代社会的创新元素，是一种兼容并蓄、融合时代精神的风格，而这是和广大松花砚雕刻者的努力分不开的。（图 4-3-1、图 4-3-2）

图 4-3-1　端砚雕龙风格

图 4-3-2　松花砚雕龙风格

　　"盛京之东"砚材产地的制砚者基本上都是土生土长的当地人。除极个别人家有祖辈相传的制砚手艺外，其他的均属半路出家，都没有受过专业的培训，有的甚至连砚都没见过。但是，他们都善于学习、敢于实践、勇于开拓，把一个刚刚恢复了三十多年的松花砚做得风生水起，不能不说是一个奇迹。

　　不了解砚，就努力学习，买来有关书籍、画册、图片，从书本上学习，到外地产砚的地方或展会上观摩学习，邀请专家、学者、南方制砚高手到本地讲课传艺，相互研讨交流，同时，不断尝试各种新题材、新创意、新材料、新技法，使得松花砚的雕刻能够集各家之长，取各流派之精，既有南派雕刻的雅洁灵秀、细腻，又有北方雕刻的雄浑、粗犷、大气，开创了松花砚雕刻的新纪元。

　　这中间，有的雕刻者钟情传统砚，他们一丝不苟、严谨缜密，把清宫御砚刻得中规中矩，有模有样，把仿古砚雕得韵味十足，几可乱真。如刘祖林的六色松花石小砚（图4-3-3）、李兆生的残简砚（图4-3-4）、刘浩音的系列仿古砚、通化青龙松花砚厂的

图 4-3-3　六色松花石小砚　刘祖林作

图 4-3-4　残简砚　27cm×49cm×8cm　李兆生作

聚宝盆砚等，都得到很高的评价。有的砚雕者热衷于随形砚，他们从故乡的土地中汲取营养，从历史的长河中挖掘题材，从大众的审美中寻找灵感，从百姓的情感中确定取向，使砚形象生动、贴近生活、雅俗共赏，为大众所喜爱。如通化银河工艺品厂雕刻的农家院砚（图4-3-5）、吴永刚雕刻的凤戏牡丹砚、老兵石砚厂雕刻的羲之爱鹅砚、通化青龙松花砚雕刻厂雕刻的事事如意砚（图4-3-6）等。还有的砚雕者追崇时尚，将现代的创作理念和艺术元素结合到传统的砚雕里，使砚既有传统又有创新，超凡脱俗，卓而不群，为砚坛吹进一股新风。如张涤新雕刻的观音砚、房功理雕刻的岁月留痕砚、赵国平雕刻的故乡的记忆砚、沈振云雕刻的老宅砚等。

可以相信，松花砚的雕刻艺术会越来越高，一定会为我国的砚坛增添更多姹紫嫣红的花朵。

当然，松花砚的雕刻目前也还存在着三个比较大的问题，需要引起重视并尽快的加以改进。

一是受市场经济的影响，一些制砚者急功近利、粗制滥造，把一些宝贵的精品砚料制成了劣等砚，造成了严重的浪费，让人痛心。而以大批杂色劣石制成砚盒的所谓宫廷砚更是让华贵高雅的皇室"御宝"失去了尊严、丢掉了身价。

二是一些制砚者借口砚的实用性减弱，任意改变砚的形制和功能，缩小砚堂、砚池甚至干脆取消砚堂、砚池，把砚刻成了石雕或仿砚型的石雕，既颠覆了砚的定义，给砚雕以错误的导向，也同样造成松花石资源的巨大浪费。

三是少量砚作存在着盲目求大、求繁和以工代艺的情况，造成制出的砚放不下、用不上、洗不了、搬不动、碰不得，成了垃圾产品。

为此，应加强对行业的引导和宏观的调控，防止产品过多过大，保证可持续发展。同时，行业协会也应对从业人员加强指导和培训，提高松花砚的雕刻技艺和艺术水准，防止产品过粗过滥，保证松花砚的声誉。

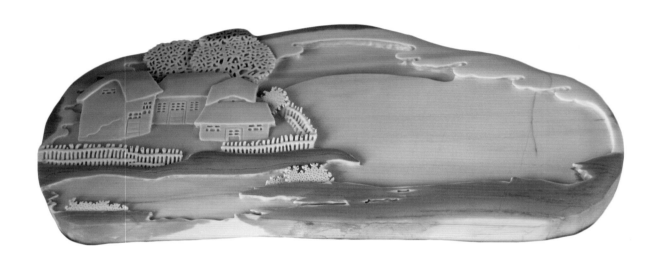

图 4-3-5　农家院砚　23cm×44cm×4.5cm　通化银河工艺品厂提供

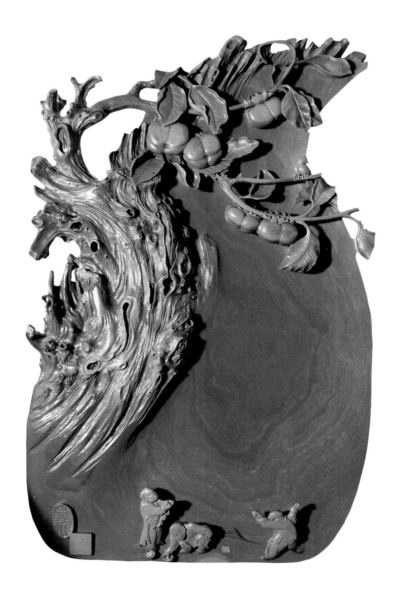

图 4-3-6　事事如意砚　49cm×33cm×5cm　通化青龙松花砚雕刻厂供提

秋菊图砚　18.8cm×11cm×3.7cm　张国庆作

第五章　松花砚的雕刻工艺

砚雕技法是使砚石变成砚的技术手段。随着砚的功能逐渐转化和人们审美标准的不断提高，砚雕的技法也在不断地发展变化。松花砚的雕刻技法在继承清代松花砚雕刻技法的同时，又广泛吸收了众多其他砚种雕刻的长处，使雕刻技法更加完美、完备。

第一节　松花砚的雕刻工序

一、选料与切割

雕刻松花砚首要工序是选料（图 5-1-1）。通常来说，选料前有两种创作理念，一是命题选料，就是根据事先确定好的题材或图案去寻找选择大小、厚度、纹色、质地适合的砚料。这种选择有较大的难度，因为天然生成的石料不可能尽遂人愿，找到完全符合自己确定题材或者图案的几率很小。二是选料命题，就是先选择好质地、纹色、形状、尺寸都比较理想的砚料，然后再因材施艺，去考虑创意和图案，这种选择相对容易。

图 5-1-1　选料

选料如果是在露天场地，则以雨后或毛毛雨天气为好，如在晴天或室内，便需带一个水盆和一把板刷，通过洒水或在砚料上刷水浸湿砚料，使砚料露出"庐山真面目"，从而把砚料的纹色、质地和瑕疵辨别清楚。

图 5-1-2　切割

选料还需有一把小锤子，在经刷水目测满意后，再通过敲击聆听声音，借以辨识石品之优劣，查找石料中暗藏的裂层和瑕疵。另外，砚料表面如有比较厚的腐蚀层，还可以用小锤敲下一小块边角，以便鉴别石内的纹色、石质和瑕疵。

总之，当通过水刷石和敲击把砚石完全辨识清楚之后，便可用切割机按常规进行有取舍的切割（图 5-1-2），去掉带有各种瑕疵的部分，留下其中的精华，使砚料成为一方优质的砚坯，为下一步构思和设计打好基础。

图 5-1-3　设计

二、构思与设计

当一方合格的砚坯摆在面前时，便可进行砚的构思和设计（图5-1-3）。所谓构思就是观察和扫描砚材，根据形状、质地、花纹进行联想，决定是人物题材、花鸟题材、山水题材还是器物题材，是规矩砚、随形砚还是自然形砚，是用浮雕、深雕、圆雕还是透雕。所谓设计，就是把构思的结果具象化，用笔画在砚坯上。比如，刻一方山水题材的砚，就要考虑到怎么开挖砚堂、砚池，何处栽树木，何处立山石，何处流溪水，何处生烟云以及山形石状、树木长势、流水走向、烟云虚实等。画稿完成后，便可进入雕刻的步骤了。

设计的好坏直接关系到砚的品味、内涵和艺术价值，即使是看似简单的砚堂和砚池，其位置、大小、深浅也不能随意为之，而山水题材的意境、花鸟题材的情趣、人物题材的神态、器物题材的韵味，更是在很大程度上取决于设计，故应极为重视。当然，设计的好坏也与雕砚者的文化积淀和艺术素养有相当大的关系。

三、粗雕与精雕

雕刻一般分粗雕和精雕两个步骤。（图5-1-4）

第一步是粗雕，就是用较粗大的刀具或切割机将砚形外多余的部分去掉，将砚堂、砚池和图案粗刻成形，注意留出修改的余地。这时，一些砚坯的石色石纹会有一些变化，一些深藏的瑕疵也会显现，这就要根据变化的情况对设计稿进行必要的调整，同时细化图案细节。

第二步是精雕，就是在粗雕的基础上用较小的刀具对砚进行精细的雕刻加工，如规矩砚中的纹饰图案，随形砚中山石的褶皱肌理、树木的枝叶根干、禽兽的翎羽毛皮、人

图5-1-4　雕刻

图 5-1-5　磨光

物的五官衣着等，都要准确细致地刻出。刻规矩形砚，砚堂要求平滑细腻，边缘不留死
角，砚墙与砚面接触的角线要圆滑不留刀痕，罗汉肚必须雕成两边均衡、中间圆润的弧
形。刻随形砚，就要采用各种刀具和各种刀法，尽可能好地表现所雕对象的动感、质感，
使砚面生动、完美、准确。

四、磨光与刻铭

砚在精雕完成后还要进行磨光（图 5-1-5），通常用各种型号的油石（砂纸）和水
砂纸手工进行。其过程一定要从粗到细、从外到内循序进行，切不可操之过急，以致由
于打磨不当给雕刻本身带来伤害。需要注意的是，每一方砚无论是点、线、面，还是整
体结构，都存在着刚柔之分，有的地方圆滑柔润，有的地方棱角分明，在打磨中一定要
区别对待。一般来说，平坦和圆润部分要达到无刀刃和砂纸留下的白痕，柔滑细腻如婴

儿皮肤一般，而某些部位则需要棱角分明，一定要保留好干净利索的刀工，表现砚作的创意和雕刻特有的风格。

在磨光完成后，有些砚还需要刻上铭文。铭文要刻在砚额、砚侧和砚背上，切不可刻在砚堂砚池中。砚铭的撰写要有一定的文学修养，书写要有一定的书法水准，镌刻要有一定的金石功底，这样刻出的铭文对砚来说才会是画龙点睛。如果铭文撰写浅薄，书写蹩脚，镌刻粗劣，刻在砚上也只能是画蛇添足。

五、封砚与包装

砚台全部完工后，为了对砚起到保护作用，凸显砚石的本来纹色，增加砚的观赏性，还要进行封砚。一般是将护肤油或液体石蜡用干净柔软的布薄而均匀地涂于砚上，这样砚台就可以长久保存，特别是在风干物燥的北方，对偏干性砚石的保护效果就更好。

砚台的包装虽不属砚雕范畴之内，但砚的装饰、保护对于提升砚的档次和价值都十分重要，所谓好马配好鞍。特别是松花砚的石盒也是用松花石来做，故一并在这里作一个介绍。（图5-1-6）

图5-1-6　包装

　　清代松花砚的包装主要是体现在砚盒上，多样化是其重要特点。比如石盒（图5-1-7）、铜盒、铁盒、漆器描金盒和玻璃嵌盖盒等。特别是在继续沿用我国民族最优秀的制盒用料和工艺的同时，还先后引进国外先进工艺，如珐琅彩漆盒、铜胎掐丝珐琅暖砚基座及那一时期所称的"洋漆盒"，表现出那一历史时期宫廷用砚轻实用、重装饰、善赏玩的理念，代表了中国砚文化发展的最高水准。

图 5-1-7　石盒

　　在众多的砚盒中，清代很少使用木盒，其原因在于北方气候干燥、四季分明，砚盒一旦受到干、湿、冷、暖变化就会干裂变形，不利于长久使用和对砚的保护。而石盒和锦盒是现在采用最为普遍的包装方式，特别是用松花砚本身的石材制作砚盒，是松花砚区别于其它名砚的一大特点。目前，松花石已挖掘出六大色彩系列，有上百个花色品种，利用石材中呈现出的各种色彩设计和浮雕、镂空雕，在砚盒上雕出古香古色的花纹图案，能更好地烘托盒内的砚，增加砚作的观赏性和艺术价值，同时也提高了砚作的经济价值。况且，石质砚盒受气候条件影响不大，便于长久保存，其唯一的缺点是以其装砚，不小心会硬碰硬，将砚碰伤，故使用中应特别注意。

　　总之，如果是器形较小、外形规矩的仿古砚、文人砚，一般还是配以传统的石盒、木盒（图5-1-8）或木制天地盖，外面再加锦盒包装（图5-1-9），这样既可体现传统韵味，又能提高砚的身价，还可以多重保养、呵护砚作，一举三得。而对于器形较大、随形或自然形的砚，则一般用锦盒包装既可，用仿古锦缎贴糊砚盒表面，用金丝绒或绸缎衬里，再配以古别、书贴、名签，也会给人以古朴大气、雍容华贵之感。

图 5-1-8　木盒

图 5-1-9　锦盒

第二节　松花砚的雕刻题材和表现形式

一、松花砚的雕刻题材

当代松花砚的雕刻题材非常丰富，除仿清宫御砚的形制外，在随形砚和自然形砚的雕刻中主要包括以下六大类。

1. 诗意题材

即在中国古典诗歌中取材，结合砚材的形状、石品和颜色设计雕刻，如松下问童子砚（图 5-2-1）、寒江独钓砚、静夜思砚、赤壁怀古砚等，散发着远古的幽香。

2. 名人题材

即以历史名人的轶闻、趣事为题材，用砚雕加以体现，如东坡赏砚、羲之爱鹅砚（图 5-2-2）、太白醉酒砚、苏武牧羊砚、昭君出塞砚等，极显先贤的人格魅力。

3. 画意题材

即以自然的景物如山水、花鸟、楼阁等作为雕刻内容，如春江水暖砚、夏韵砚、牧归砚、残菊砚、大美白山砚、平湖秋月砚、风清云静砚（图 5-2-3）等，尽显大自然之美。

4. 古风题材

即以中国古代不同时期的雕塑、雕刻、绘画、书法和工艺品的造型、文字、图案，甚至钱币、瓦当、竹简、壁画等直接入砚，如：瓦当砚、甲骨文砚、官窑遗迹砚、敦煌砚、竹简砚、剑胆琴心砚、散氏盘砚（图 5-2-4）等，给人以文雅古朴、浑厚沧桑之感。

图 5-2-1　松下问童子砚　33cm×50cm×8cm　通化青龙松花砚雕刻厂提供

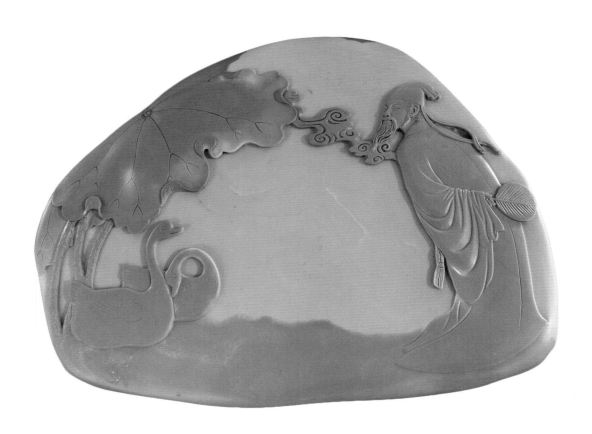

图 5-2-2　羲之爱鹅砚　39cm×53cm×8cm　通化老兵石砚厂提供

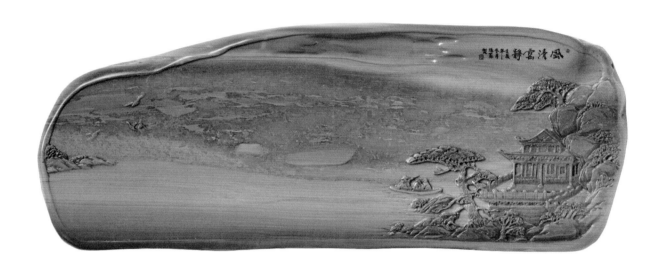

图 5-2-3　风清云静砚　16cm×40cm×35cm　张世林作

图 5-2-4　散氏盘砚　35cm×68cm×5cm　李兆生作

5. 传统题材

即以我国历史上长期流传下来的一些较为固定的吉祥喜庆图案为砚雕主题，如事事如意砚、喜上眉梢砚、龙凤呈祥砚（图5-2-5）、一夜生财砚、金玉满堂砚、代代相传砚等，观之使人心清气爽、笑口常开。

6. 神话题材

即取材于我国古代神话故事来成砚，如达摩面壁砚、月中嫦娥砚（图5-2-6）、画龙点睛砚、铁杵成针砚、苍龙教子砚等，优美浪漫，生动传神，让人遐想无限。

除了以上六大题材外，还有一些日、月、龙、凤、瑞兽等题材。正是有了这么丰富的题材，再加上松花石千姿百态的纹色形状，才使得当代松花砚异彩纷呈、美不胜收。

图 5-2-5　龙凤呈祥砚　本溪华砚石材有限公司提供

图 5-2-6　月中嫦娥砚　54cm×21cm×4cm　通化青龙松花砚雕刻厂提供

二、松花砚的表现形式

现代松花砚在表现形式上较清代的松花砚也有了很大的改进，主要可归纳为四种。

1. 写实型手法

写实型手法如同中国画中的工笔画，重点强调的是一个"像"字，即所说的"形似"，为此，所雕的内容造型一定要完整准确，不能任意取舍夸张，雕刻的刀法和线条也要谨慎精细，不能马虎粗糙。像书中这方国色天香砚（图5-2-7），一花一叶、一凤一云，甚至叶的筋、花的蕊、凤的毛、云的纹都刻画得纤细逼真，使人感到置身其境。现代松花砚雕中，大部分随形砚的雕刻都采取这种手法，这使得所雕作品雅俗共赏，认同者多。

2. 写意型手法

写意型手法就像中国画中的大写意，着眼的是整个作品的意和雕刻对象的神，所谓意到神存，而不特别注意所雕对象的形体结构是否完整准确，雕刻的刀法和线条往往也很洗练简略，甚至常常借助砚石的天然肌理和纹色来代替雕刻。比如，知鱼知乐砚（图5-2-8），作者利用砚石中的两处黄色，薄意雕出一个佛头和一个鱼头，而简刻的两朵浪花和一线流云与砚石上紫色的旋花纹理使水天归于一色，亦梦亦幻，妙在似与不似之间，给了观赏者以足够的想象空间，取得事半功倍的效果。现代松花砚的作品中，已有一些作者开始采用这种表现手法。但这种表现手法所制之砚，拥趸者不如写实型手法的人多。

3. 创新型手法

创新型手法是一种力图在写实和写意当中取长补短、另辟蹊径的一种尝试。这种手法往往在图案的主要部分写实，在次要部分写意，或干脆将内容形象化、抽象化，产生新颖别致、不落俗套的效果。像书中的天工开物砚（图5-2-9），就很难看出刻画的是什么形象、表现的是什么内容，需要很好地体会琢磨。采取这种表现手法的砚雕者不是很多，认知者亦不多，属于阳春白雪之例。

4. 文人砚手法

有一种砚因多为简洁大方的规矩形或略加修饰的自然形，内容也都是书法、篆刻和笔简意赅的文人画，很难以写意、写实或创新命名，但现实中确实存在，故将其称为文

图 5-2-7　国色天香砚　35cm×60cm×5cm　通化玉隆砚雕厂提供

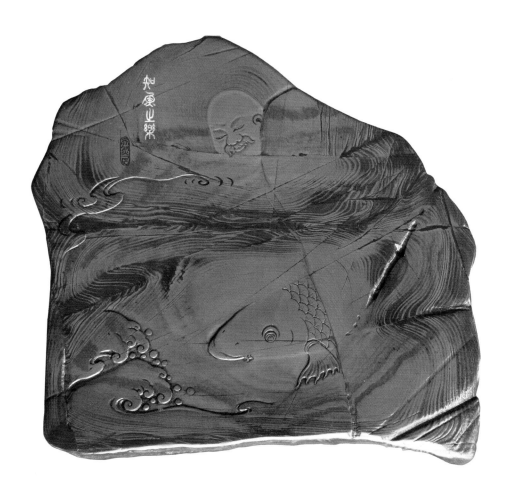

图 5-2-8　知鱼知乐砚　31cm×30cm×3cm　房根宝作

图 5-2-9　天工开物砚　36cm×18cm×5.5cm　张涤新作

人砚手法，单独列出。其雕刻要精准、平滑、干净，表现出古朴文雅之气，对雕刻者的
文学、书法、绘画、篆刻水平要求很高，所以能采取此种表现手法的人少之又少。书中
这方墨雨砚（图 5-2-10），利用砚石中的墨点，仅刻半个"井"字、一个圆池（喻砚
田和明月），砚额刻"耕耘种月，墨雨润田"，简洁大方，寓意深刻，是一方超凡脱俗
的文人砚。可惜由于地域和文化积淀的原因，过去松花砚中这样的佳作不多。

图 5-2-10　墨雨砚　20cm×10.5cm×2.5cm　房功理作

第三节　松花砚的雕刻技法

砚雕技法是使砚石变成砚的技术手段。随着砚的功能逐渐转化和人们审美标准的不断提高，砚雕的技法也在不断地发展变化。松花砚的雕刻技法在继承清代松花砚雕刻技法的同时，又广泛吸收了众多其他砚种雕刻的长处，使雕刻技法更加完美、完备，对提高松花砚的质量和档次起到了很大的作用。现在松花砚的雕刻技法主要有线雕、薄意雕、浅浮雕、深浮雕、圆雕、透雕、俏色和镶嵌等八种。

一、线雕

线雕，顾名思义是一种以在砚面上刻出凹槽和阴线（亦有少量使用铲出的凸棱阳线）来表现形象的雕刻技法，利用线条的粗细曲折、刚柔顿挫来表现体积、表现透视、表现节奏和韵律，其优点是既富于装饰性又避免因大雕深凿对优质砚材的破坏。因线条雕刻有相当难度，松花石硬度又高，故现在在松花砚雕刻中运用较少，多和其他技法混用。

二、薄意雕

薄意雕是一种浅薄的雕刻技法，和线雕一样，多是用来规避过度雕琢对珍贵砚料所带来的损伤，一般都是运用在具有珍稀石品、纹色的平板砚上。松花砚极少采用薄意雕，偶尔在一些仿古砚的雕刻中使用。

三、浅浮雕

浅浮雕是指从雕刻面到雕刻底的深度不足砚体十分之一的雕刻技法，其凹凸变化较小，一般适用于雕刻较为细腻纤小的图案和纹饰，具有较好的装饰性，在古今各种砚式中被广泛使用。浅浮雕在松花砚中多用来刻制仿清宫御砚及相对体积较小的随形砚。（图5-3-1）

四、深浮雕

深浮雕雕刻的深度一般要刻到表现物体的三分之一或一半左右，有较强烈的高低起伏，所雕之物空间感极强，能够生动准确地表现出物品形象和作品的意境，在现代砚雕中被普遍应用。松花砚中的随形砚和自然形砚多用此法雕成。（图5-3-2）

五、圆雕

圆雕是指所雕之物除底部外，没有附在任何背景上的完全主体的雕刻技法。这在古代砚雕中常被用来雕刻砚盖上的纽或砚额上立体的狮、虎、瑞兽等立体形象，在现代砚

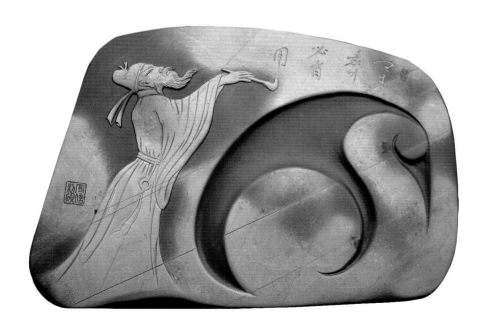

图 5-3-1　李白醉写砚　蒋守信作

图 5-3-2　凤凰古韵砚　35cm×32cm×4cm　罗万刚作

图 5-3-3　黑陶砚　40cm×45cm×8cm　刘祖军作

雕中则较多地运用在随形和自然形砚上，宜于多角度观赏。圆雕在松花砚中也较为多见。
（图 5-3-3）

六、透雕

透雕又称为镂空雕，是将作品主体镂空或连同底板一起镂空的一种雕刻技法。有人将前者称为透雕、后者称为镂空雕，以示区别，亦无不可。用其玲珑剔透的特点表现山水、花鸟人物、楼阁等复杂的图案，空间感、层次感极强，可以多角度反映作品的艺术构思和雕刻水准，具有非常强烈的视觉效果。透雕在古代偶有用之，现代砚中则几乎每个砚种中都采用这种技法。特别是现代砚雕工具较古代先进得多，使得古人做起来很费劲的事现在变得容易得多，况且现代的砚已逐渐由实用转向观赏和收藏，透雕的运用大大增加了砚的观赏价值和收藏价值。透雕的技法在松花砚的雕刻中使用十分普遍，并已达到炉火纯青的程度。（图 5-3-4）

七、俏色

俏色也称巧色，即雕刻者根据同一砚材上天然形成的不同色泽，在恰如其分的原则下，还原雕刻物体本色的一种雕刻技法。它不仅能体现出砚石的色彩美，使作品达到"天人合一"的艺术境界，也提升了砚的观赏价值。松花石的色彩相当丰富，故松花砚在俏色技法上不仅用得多，也用得好、用得巧。（图 5-3-5）

八、镶嵌

镶嵌是指一种砚石镶嵌到另一种砚石上，使之成为一个新的整体的雕刻方法。这种方法的特点一是把优质砚石镶嵌在一般砚石上，二是把优质砚石镶嵌在砚的主要和重要位置上，或把特殊的砚石镶嵌在砚面画龙点睛的位置上。如常把下墨发墨最好的绿刷丝石镶在由质地一般的砚石制成的砚的砚堂部分，这既增加了砚的观赏性，也使优质砚石特别是一些过小过薄的优质石料得到充分利用，但要将镶嵌做得天衣无缝，需要很高的雕刻技法，故此类作品成功的不多。（图 5-3-6）

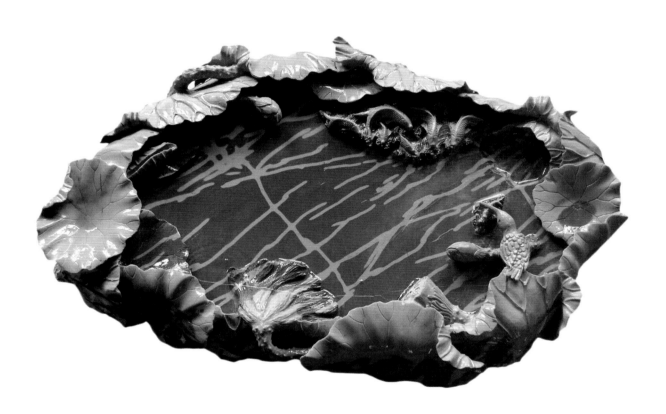

图 5-3-4　雨荷砚　32cm×52cm×10cm　沈振云作

图 5-3-5　凌波仙子砚　38cm×57cm×6cm　李兆生作

图 5-3-6　仿清洛书砚　16cm×11cm×2.5cm　刘浩音作

第四节　松花砚的雕刻工具及使用

一、松花砚的雕刻工具

工欲善其事，必先利其器。要想雕刻出好的砚台，使砚雕者的奇思妙想完美展现，雕刻工具及其使用非常重要。但砚雕和其他一些规模化批量生产的工艺品不同，多是个人或是民间作坊式的加工生产，因此，对所使用的加工工具和设备也就没有统一的要求和标准，主要根据砚石的具体情况、砚雕技法和风格的需要以及雕刻者自身习惯和爱好自行加工或购进，不同地区、不同砚种之间也不尽相同。从总体来看，松花砚的雕刻工具可分三大类。

1. 砚雕的刀具

砚雕的工具中，刀具种类最多，主要有以下几种（图 5-4-1）：

凿子　凿子主要用来凿刻砚身上较大较深的部分，如砚堂砚池等，雕刻效率比一般刻刀要高，通常分为刻平面的平铲形、刻线的斜铲形和刻点的尖头形。凿杆为普通钢制成，长 20cm 左右，凿头则为合金钢制成，刀口角度在 25°至 28°之间。

刻刀　刻刀主要用来雕刻砚上的纹饰、图案和文字、印章等，多为雕刀、凿刀和靠刀三类。其中雕刀种类最多，如圆头、尖头、手头、半圆、斜角等，大多选用弹簧钢、白钢、高碳钢等材质来做，长度多在 18cm 至 25cm 之间，角度一般为 20°左右。刀杆常装木柄或缠皮、布、绳，便于把握，式样、大小、数量由使用者根据自身需要决定。

图 5-4-1　手工雕刻刀具、模具及其他辅助工具

铲刀　铲刀的作用与凿子有些相同之处，但更适合铲刻大面积时使用，如铲砚堂、覆手等，用钨钢片焊在圆钢做成的刀身上，两面开刃，角度在 20° 至 30° 之间，分为平口与圆口两种。另配上端为球状、下端有箍的木柄，可与刀身固定，也可以一把柄配多个刀头。使用时一手握着木柄，用肩顶着用力进行铲制。

2. 砚雕的设备

工作台　工作台是砚雕的主要设备，大小、高矮、式样没有硬性规定，但以坚固、实用为原则。台面应用较厚的木板拼成，其软硬适中，富有韧性，不致碰坏砚台。台架则用角铁或木头制成，经得住砚石的重压和雕刻时的敲击。

切割机　切割机有较大的台式切割机和小型的手持切割机。大型切割机一般在采石时切割砚坯用。有的砚坯也不一定完全适合砚雕者的需求，还要进行一些修整，而有的砚雕者直接购进原石，因此，手持切割机也是必备的设备之一。对于一般的砚雕者而言，配有小型的手持切割机即可。

雕刻机　这里指的雕刻机是那种体积小、移动灵活，可以很方便地更换各种刀头、钻头的软轴雕刻机，不是那种搞机雕砚用的大型数控雕刻机，可以独立完成整个砚雕或辅助手工雕刻完成整个雕刻过程。虽然有些砚雕者坚持手雕，不愿使用雕刻机，但一些高难部分的雕刻，用雕刻机辅助一下也是事半功倍的好事。（图5-4-2）

3.其他辅助工具

砚雕中还有一些其他的辅助工具，尽管有些可用其他东西代替，但条件许可，还是配备为好。

锤子　锤子分金属和硬木两种，主要用来敲打凿子和铲刀。金属的分量重，硬度过大，虽敲打有力，但容易造成砚石震伤；硬木的重量相对较轻，敲打时震动小，属柔中带力。在具体操作中，可根据雕刻需要和个人习惯选用。

垫板和垫包　垫板和垫包是垫在砚和工作台之间的中介物，主要起稳定砚及防止砚在雕刻中移动和坠落的作用。

刻笔　刻笔是一种钢质的尖头笔状工具，无具体的规格尺寸要求，主要用来在砚台上画线。用尖头刻刀代替亦可。

尺子　尺子主要有卡尺、直尺、直角尺等几种，用来测量各部分尺寸、角度和画直线时使用。

圆规　圆规主要用来在砚上画圆时使用。

刷子　刷子主要用来刷掉雕刻过程中刻下来的石渣和石粉以及给砚石刷水、给成砚

图5-4-2　用手持雕刻机辅助雕刻

封油时使用，可根据需要多配几把。

　　油石和砂纸　油石（砂条）和水砂纸有粗细多种型号，都是用来打磨砚台的，可根据打磨的要求进行准备。

二、雕刻工具的使用

　　随着历史的发展和科技的进步，雕砚的工具也在不断地发生着变化。进入现代社会，有了电能，各种人造金刚石的切割锯代替了原始的人工拉扯的无齿锯，下料切割的工时节省了百倍，规格更加精确。各种用途的电动雕刻工具可以在打孔、磨池、挖堂和造型中取代传统的脚踏式磨砣和水澄，雕刻的质量更好。雕刻刀则由几种型号的硬质合金焊接和打磨，刃口锋利耐久，再硬的砚石也会迎刃而解。特别是雕刻机的问世，使得一方砚在电脑操控下很快就可以变成一方图案规整、纹饰细腻的砚。这些有助于在雕刻砚时产生不同的想法和做法。

　　一种意见认为，时代在前进，砚雕也应与时俱进，像切割机、雕刻机效率高、成本低，适合快捷的、批量化的生产，而且产生的粉尘对雕砚人的影响小，制砚人的劳动强度小，何乐而不为？而且，确实有不少厂家和个人购买了雕刻机，在很短的时间内脱了贫，甚至致了富。而另一种意见则认为传统的砚雕工艺有着它独特的艺术魅力，它是几百年来砚雕艺人们在砚石上练就的娴熟技能的展示和非物质文化遗产的继承，因而，要保持纯手工制作。为此，坚决拒绝雕刻机，甚至开料出坯的切割机也很少使用，结果是年复一年的耗时间、费体力，在雕刻他原汁原味的古董。

　　砚石优劣有别，人的需求不同，在这种情况下，一些人选用先进工具，采取特殊工艺，利用中低档砚石批量生产一些造型简单、价格低廉的实用商品砚和一般的工艺砚是可行的，也是可以理解、无可厚非的。而对于日渐稀缺甚至濒临枯竭的优质砚石，则应尽量减少现代雕刻工具的使用。当然，像开料出坯之类的粗活、重活不仿使用一下切割机，不必非要回到手拉脚踏的旧时代。因为，现代的先进工具不会完全取代传统工具，不用传统的手工技艺，也不能完全表达出砚雕艺术的神韵与内涵，因而，也就雕刻不出真正的、能够传世的艺术品来，松花砚同样不例外。

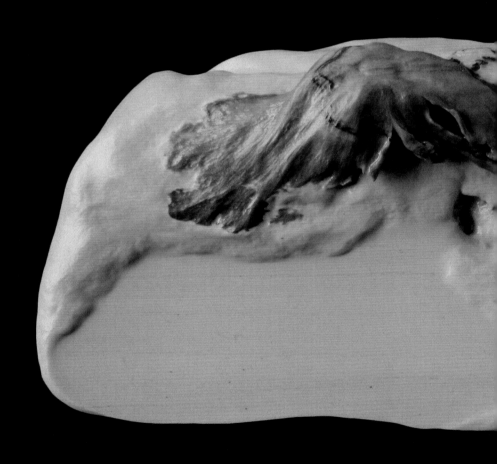

枯荷残雪砚　14.5cm×27cm×6cm　郑喜燕作

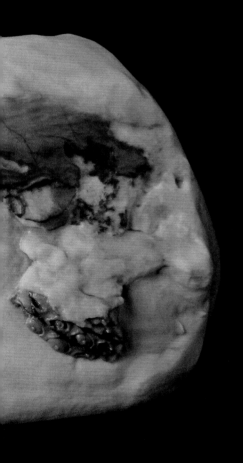

第六章　松花砚的鉴赏、使用、保养和收藏

　　中国的砚种繁多，质地、色彩、雕刻风格也都各具特色。但是，就其鉴赏的标准来说却是共同的，简单概括起来，就是作为合格的砚，应该是可用、可赏、可藏。

第一节　松花砚的鉴赏

中国的砚种繁多，质地、色彩、雕刻风格也都各具特色，但是，就其鉴赏的标准来说却是共同的，简单概括起来，作为合格的砚，应该是可用、可赏、可藏。

所谓可用，就是所制的松花砚要具备好的石质，达到下墨快、发墨好、保水分、不损毫的使用效果。这就要求选择的砚料应该是色纯纹清、细腻温润、软硬适度、没有瑕疵，否则，使用效果就差。

所谓可赏，就是所选的松花砚不仅有纯净的色彩和优美的纹理，而且有很好的创意设计和雕刻工艺，陈之于书房桌案之上，赏心悦目、高雅大方，否则也只是一件普通的研磨工具。

所谓可藏，就是不但所藏的松花砚石质优异，而且属凤毛麟角、百年一遇的好料。不但创意新颖，技艺精湛，还要有丰富的文化内涵，是一件集书法、绘画、诗歌、篆刻于一体的艺术品，最好是名家之作，否则就是一件普通的工艺品。（图 6-1-1 至图 6-1-3）

图 6-1-1　石头记砚（正背面）
55cm×34cm×9cm　沈振云作

图 6-1-2　观沧海砚　22cm×23.5cm×6cm　宋波作

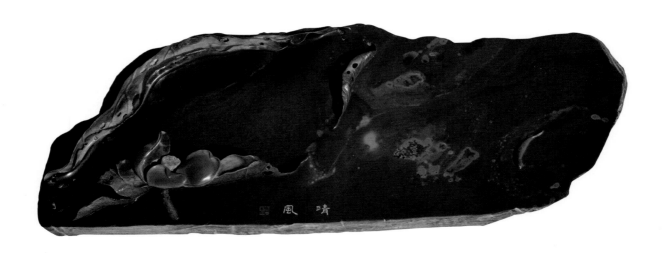

图 6-1-3　清风砚　22cm×61cm×2.5cm　张涤新作

第二节　松花砚的使用

同其它砚种一样，松花砚在使用上也应注意以下几点：

一般砚台在打磨过程中为追求视觉效果和手感，常常打磨得过细、过光，有的还涂了油、封了蜡，影响研磨使用。松花石石质过硬，就更容易造成滑而拒墨，故使用前应发砚，即用500号至800号水砂纸或木炭粉加水轻轻打磨砚堂，除去油脂和蜡。

好砚要用好墨，特别是一些名坑、名石和名家雕刻的砚，使用时更应注意。劣质墨含杂质较多，用时极易划伤砚面，影响砚的美观和后续使用。

墨研好后不要将墨放在砚堂上，否则墨干后会粘在砚堂上，很难取下，硬取往往会造成砚面损伤。

砚用完之后应及时清洗残留墨汁，以免日久积墨，难以清除，从而影响研磨功能。另外，宿墨继续使用也影响书写、绘画效果，故古人有"宁可三日不洗面，不可一日不洗砚"的说法。洗砚要用清洁的凉水，不可用污水或热水。洗后应放置阴凉处晾干，切不可暴晒和火烤。（图6-2-1）

图6-2-1　辟雍砚　北京御宝斋刘浩碢藏

第三节　松花砚的保养

包括松花砚在内的任何砚台都需要正确的养护，以保证其品相的完美和使用的寿命。

砚一定要有包装，一般是置于锦盒、木盒和石盒当中，既防止磕碰，又防止尘土和有害物质的侵蚀。

砚应放在透风阴凉之处，不应放置于高温强光之下以及寒冷潮湿之处。

经常使用的砚，用毕洗净后，应在砚池内注入少许清水以保证砚石滋润，但砚堂内不要浸水，否则日久会影响研磨。

长期不用的砚或用于观赏收藏的砚，可用液体石蜡或者固体石蜡煮化后封砚，一来保护砚面，二来增加视觉效果，但蜡不宜过多过厚，更不要有浮蜡。注意一定不可用食用油封蜡，食用油黏性大，容易吸附灰尘，也容易发霉变质。

第四节　松花砚的收藏

　　收藏松花砚首先要懂得什么样的砚才值得收藏，切不可盲目行动，如收藏名家之作会保值、增值，收藏时间越久，增值空间越大。除了前面讲的要原料好、创意雕刻好和出自名人以外，还要考虑原材料是否稀有、是否唯一，这对砚的价值影响很大。尺寸规格和雕刻的繁简，要适合自己的保养存放，不可盲目求大求繁。古旧松花砚除了要考证其年代外，还要看其是出于清宫造办处还是出于民间，前者往往比后者价值高。要注意区分是用松花石制成的砚还是用桥头青云石制成的砚，二者也有较大的价值差距。如果这几点做到了，收藏的风险就会小一些，从而给收藏者带来经济上的效益和精神上的愉悦。

秋荷砚系列之四　77cm×40cm×7cm　李郡鹏作

第七章　松花砚精品欣赏

彭祖述

中华炎黄文化研究会砚文化联合会专家委员会顾问，中国书法家协会会员，长春市微刻艺术家协会主席，长春市文学艺术界联合会原专职副主席，长春市有突出贡献的老艺术家，中国工艺美术大师，中华炎黄文化研究会砚文化联合会授予"德艺双馨的砚雕艺术家"称号，东北三省工艺美术协会授予"终身荣誉奖"。

图 7-1　泰山刻石砚（断砚）　59cm×35cm×5cm

图 7-2 龙凤砚 30cm×10cm×3cm

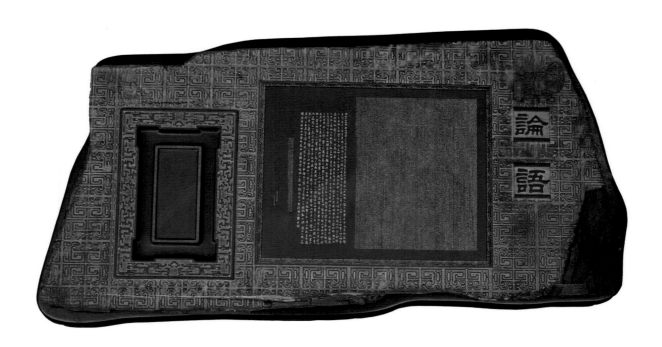

图 7-3　《论语》砚　38cm×81cm×4.5cm

图 7-4　俯首甘为孺子牛砚　8cm×6.8cm×2cm

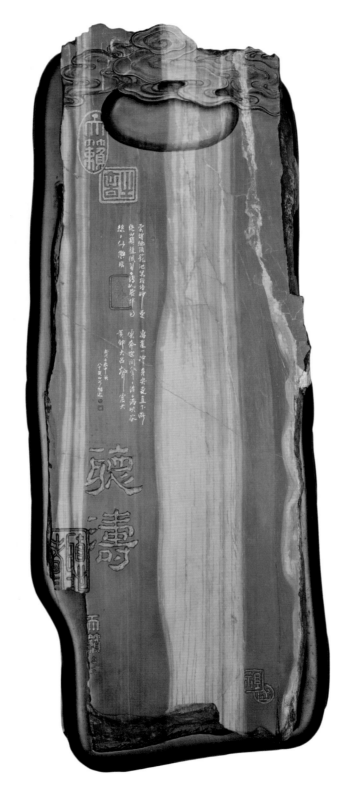

图 7-5　惊涛瀑砚——双瀑砚之一　51.5cm×9cm×6cm

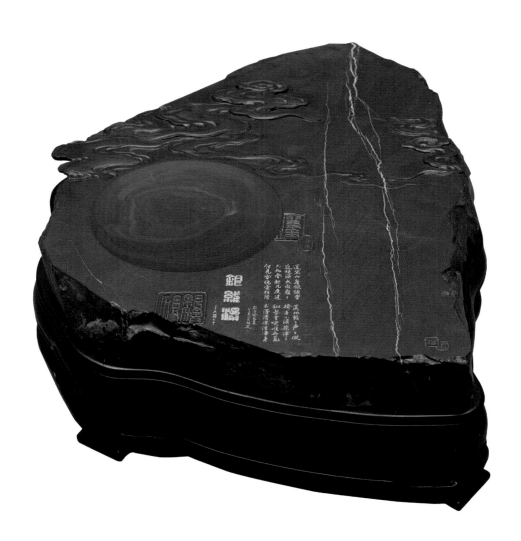

图7-6　银线瀑砚——双瀑砚之二　52cm×42cm×6cm

图 7-7　小老鼠砚　8cm×11.5cm×7cm

图 7-8　汉瓦当砚　12.3cm×21cm×5cm

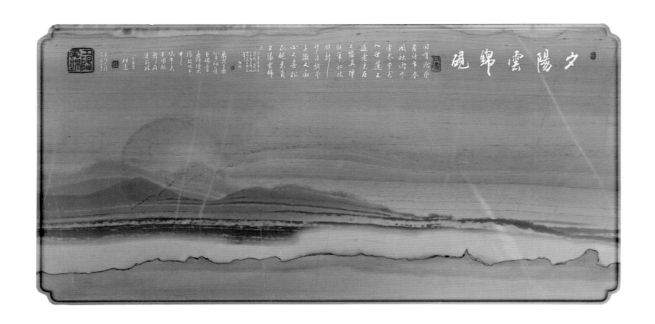

图 7-9　夕阳云锦砚　20cm×40cm×3.8cm

刘祖林

中国制砚艺术大师，中国文房四宝制砚大师，吉林省工艺美术大师，吉林省工艺美术协会理事，吉林省优秀民间艺术家，中国文房四宝协会副会长、高级顾问，吉林省非物质文化遗产"松花石砚雕刻技艺"传承人，通化市松花石砚协会会长，刘祖林松花石砚艺术馆馆长。

图 7-10 重见卞和砚 55cm×55cm×6cm

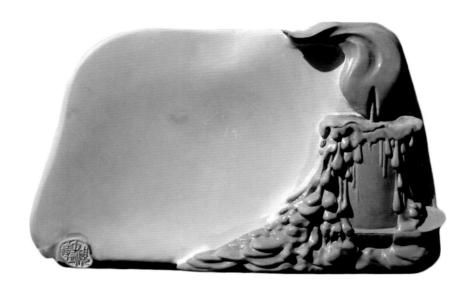

图 7-11　红烛砚　12cm×19cm×3.5cm

图 7-12　苦尽甘来砚　33cm×77cm×11cm

图 7-13　玉琮式三连套砚
大玉琮　36cm×36cm×26cm
小玉琮　7cm×7cm×10cm
圆方小砚　平均 11cm×8cm×3cm

图 7-14　仿汉海天初月砚　12cm×8.5cm×2.5cm

图 7-15　仿唐八棱砚　10.5cm×10.5cm×2.7cm

图 7-16　仿宋天成风字砚　11cm×9.5cm×2.6cm

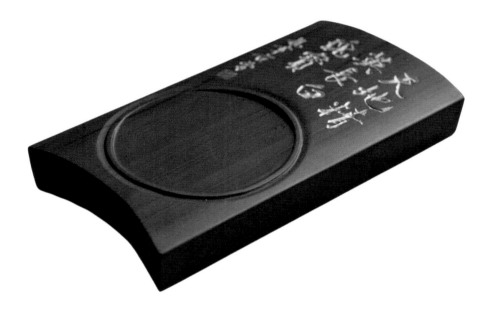

图 7-17　仿汉石渠阁瓦砚　12cm×8cm×2.3cm

图 7-18　仿宋德寿殿犀纹砚　12cm×8cm×2.2cm

图 7-19　仿宋玉兔朝元砚　10.5cm×10.5cm×2.5cm

图 7-20　四足石渠砚　16cm×12cm×8cm

张涤新

中国制砚艺术大师，吉林省工艺美术大师，吉林省工艺美术协会常务理事，吉林省优秀民间艺术家，吉林省非物质文化遗产"松花石砚雕刻技艺"传承人，东北省师范大学人文学院、艺术学院客座教授。

图 7-21 铮骨砚　33.5cm×43.5cm×6cm

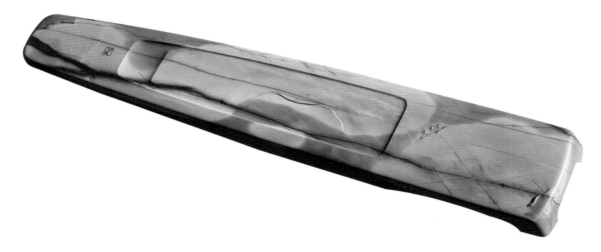

图 7-22　荷下清音砚　19.6cm×110cm×6.8cm

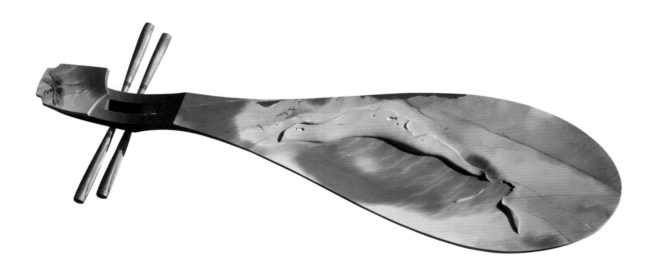

图 7-23　清风砚　85cm×23.6cm×6.8cm

图 7-24　空山砚　18.8cm×116cm×6cm

图 7-25　鱼砚　11cm×34.5cm×2.2cm

图 7-26　鱼砚　13cm×35cm×3.2cm

图 7-27　秋声抄手砚　12.4cm×15.2cm×3cm

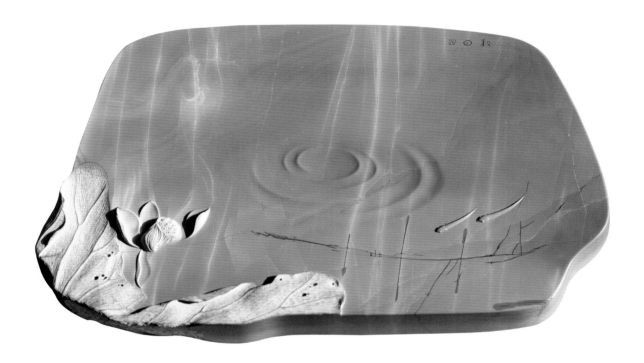

图 7-28　映日清风砚　35.6cm×56cm×4.8cm

张国庆

　　中国文房四宝制砚艺术大师，中华炎黄文化研究会砚文化委员会制砚委员，山东省工艺美术大师，山东临朐红丝砚协会副会长，吉林省通化市松花砚协会名誉会长。

图 7-29　秋菊图砚　18.8cm×11cm×3.7cm

图 7-30　梅花镂空暖砚　23cm×15.6cm×8.6cm

图 7-31　旭日东升砚　17cm×11.6cm×3.2cm

图 7-32　*八仙过海暖砚*　17.3cm×17.3cm×13.6cm

图 7-33　生生不息砚　7.2cm×12.8cm×4.6cm

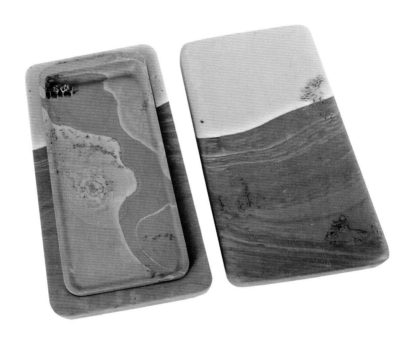

图 7-34　暮归砚　7.8cm×4cm×1.5cm

图 7-35　招财进宝暖砚　17cm×17cm×12.6cm

图 7-36　荷花瓣笔舔　6cm×12cm×2cm

图 7-37　瑞兽水盂　8cm×12cm×5.6cm

张国江

中国制砚艺术大师，中国文房四宝制砚艺术大师，吉林省工艺美术大师，通化市工艺美术协会副会长。

图 7-38　葫芦砚（又名福禄砚）　24.8cm×12.5cm×2.8cm

图 7-39　双龙起舞砚　48cm×16cm×6cm

贾杰

中国工艺美术行业大师，吉林省工艺美术大师，吉林省八吉集团资深顾问。

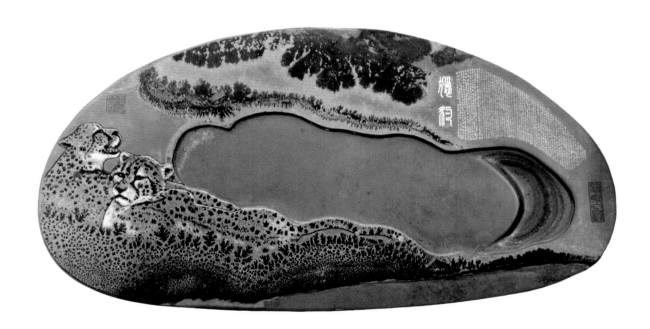

图 7-40　猎豹砚　20cm×32cm×3cm

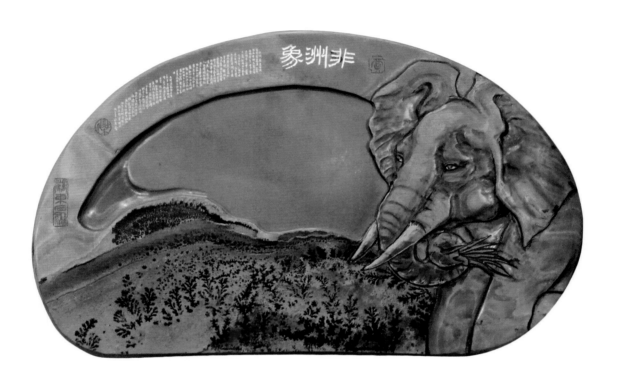

图 7-41　气象万千砚　23cm×32cm×3cm

图 7-42　金花鼠砚　20cm×30cm×3cm

图 7-43　东北虎砚　20cm×32cm×3cm

图 7-44　小熊猫砚　18cm×18cm×4cm

图 7-45　小虎砚　18cm×18cm×4cm

彭沛

　　吉林省工艺美术协会常务理事，中国工艺美术协会理事，吉林省工艺美术大师，首届中国工艺美术行业艺术大师。

图 7-46　米芾拜石砚　52cm×41cm×9cm

图 7-47　大佛砚　46.5cm×36cm×6.5cm

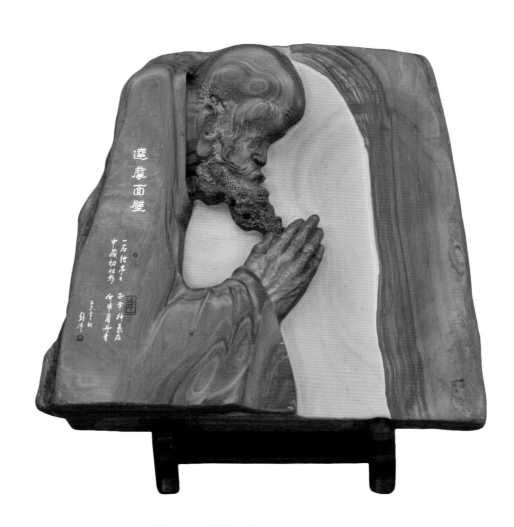

图 7-48　达摩面壁砚　28cm×26cm×5.6cm

图 7-49　佛窟痕砚　31cm×57cm×9cm

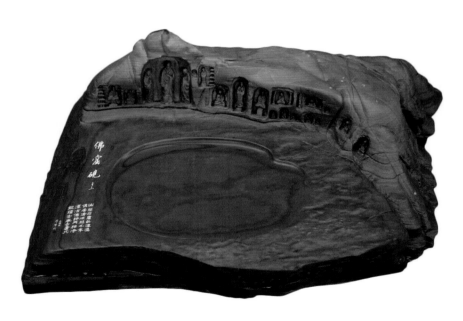

图 7-50　塘池砚　52cm×46cm×22cm

图 7-51　《心经》砚（正背面）　90cm×29cm×5cm

冯军

紫霞堂创始人，第三届中华非物质文化遗产薪传奖获得者，中国松花石博物馆名誉馆长。

图 7-52　兰亭古韵砚　23cm×18cm×9cm

图 7-53　石鼓暖砚　23cm×15cm×9cm

图 7-54　唐人诗意砚　19cm×12cm×5cm

图 7-55　五福捧寿暖砚　11cm×11cm×9cm

图 7-56　祥云纹暖砚　17cm×11cm×5cm

图 7-57　二龙戏珠暖砚　21cm×13cm×9cm

张世林

　　吉林省工艺美术大师，高级传统工艺师，中华传统工艺大师，中国松花石研究会副主席，吉林省工艺美术协会常务理事，吉林省江源长白山石艺协会主席，吉林省林业技师学院松花石雕刻专业讲师。

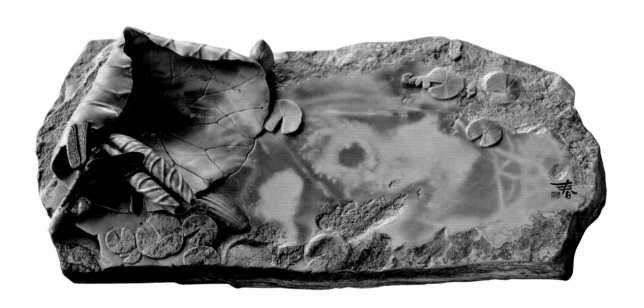

图 7-58　春生砚　22cm×32cm×6cm

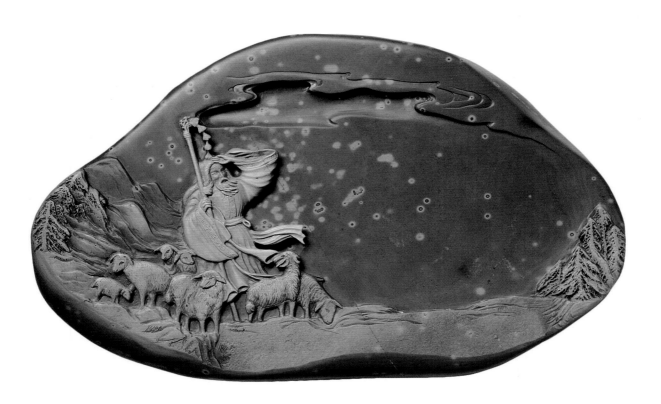

图 7-59　苏武牧羊砚　28cm×45cm×5cm

图 7-60　春江花月夜砚　16cm×38cm×2.5cm

图 7-61　搏击砚　13cm×28cm×2.5cm

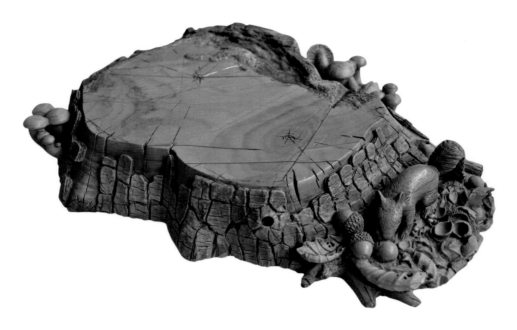

图 7-62 生息砚 25cm×42cm×8.5cm

图 7-63 尘封之音砚 20cm×32cm×3cm

图 7-64　听雨砚　33cm×46cm×8cm

图 7-65　夏韵砚　23cm×59cm×8cm

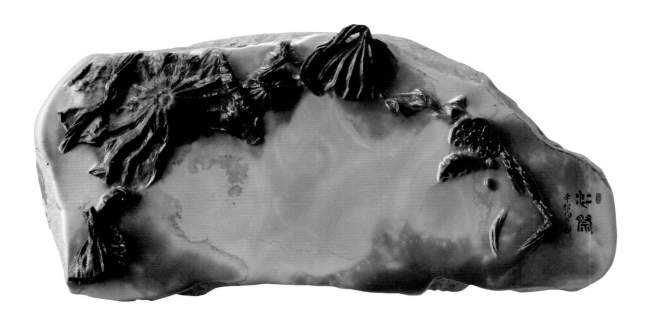

图 7-66　冬荷砚　22cm×39cm×5cm

郑喜燕

吉林省工艺美术大师，中国工艺美术协会会员，吉林省工艺美术协会常务理事，优秀民间艺术家。

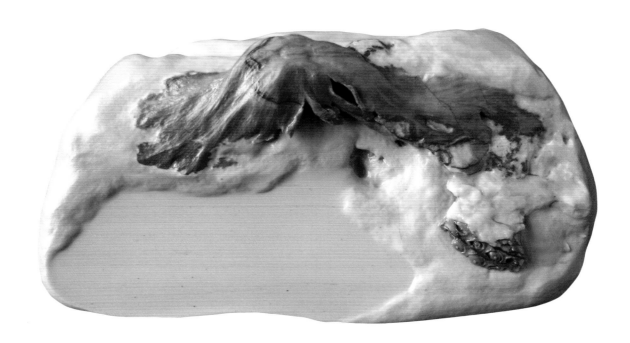

图 7-67　枯荷残雪砚　14.5cm×27cm×6cm

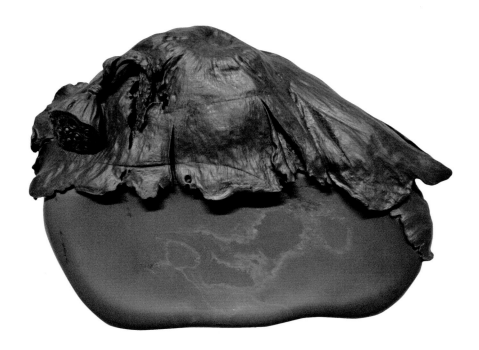

图 7-68　枯荷听雨砚　21cm×28cm×5cm

图 7-69　枯荷蕴春砚　25.5cm×42cm×5.5cm

图 7-70 听雨砚一 25cm×39cm×4.5cm

图 7-71 听雨砚二 32cm×51cm×5.5cm

金福生

吉林省工艺美术大师，通化市工艺美术协会理事，松花石砚协会理事。

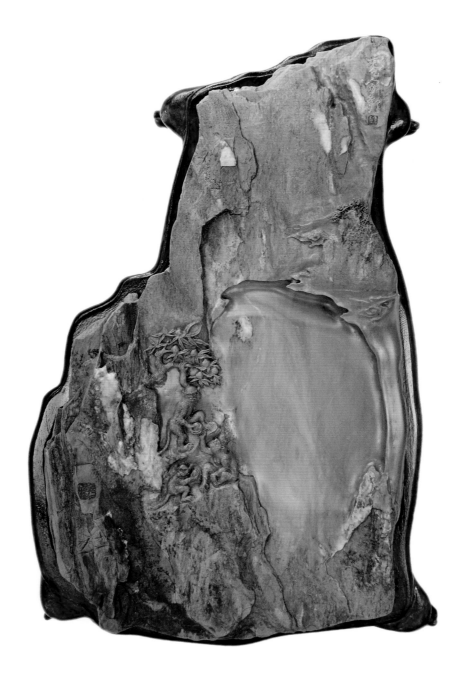

图 7-72　阖家欢砚　45cm×27cm×7cm

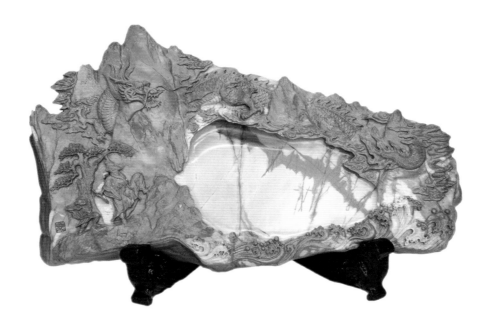

图 7-73　画龙点睛　46cm×76cm×12cm

图 7-74　九龙砚　34cm×43cm×7cm

房功理

　　吉林省工艺美术大师，白山市江源区政协常委，松花石商业联合会会长，江源工商联第一副主席。

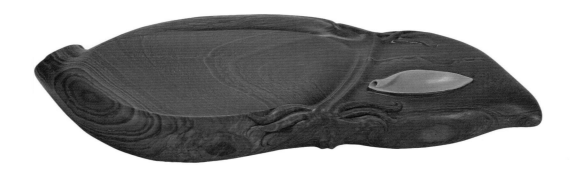

图 7-75　金枝玉叶砚　20cm×33cm×2.5cm

图 7-76　井田砚　23cm×10cm×3cm

图 7-77　鲁班砚　10cm×22cm×6cm

焉本强

吉林省工艺美术大师，吉林省工艺美术协会会员，通化市松花砚协会常务理事，通化市工艺美术大师。

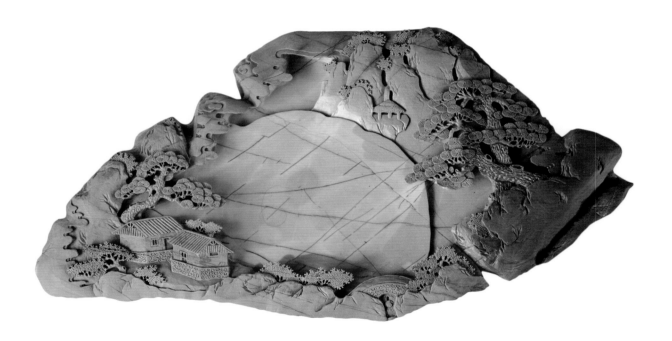

图 7-78　锦绣山河砚　37cm×71.5cm×9.5cm

图 7-79　双鹅戏水砚　19cm×43.5cm×3.5cm

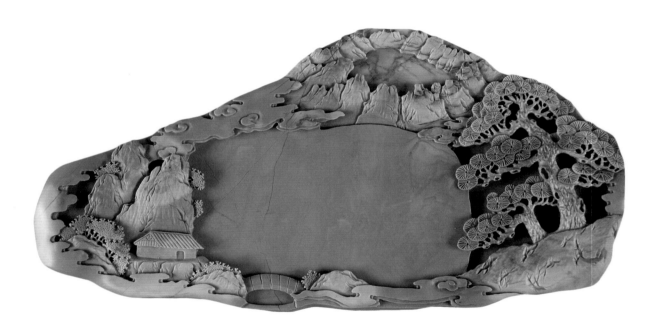

图 7-80　天池风光砚　28cm×52cm×4cm

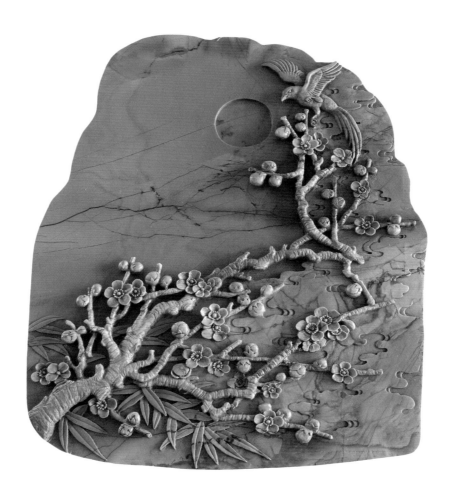

图 7-81 喜上眉梢砚 23cm×13cm×8cm

图 7-82　驼铃砚　30cm×55cm×15cm

王照辉

　　吉林省工艺美术大师，中国传统工艺大师、高级传统工艺师，中国工艺美术大师刘克唐弟子，吉林省工艺美术协会理事，通化市松花砚协会理事，浑江黑陶艺术品有限公司艺术总监。

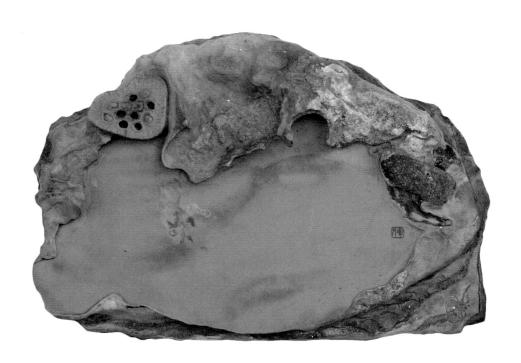

图 7-83　枯荷砚　36cm×48cm×6cm

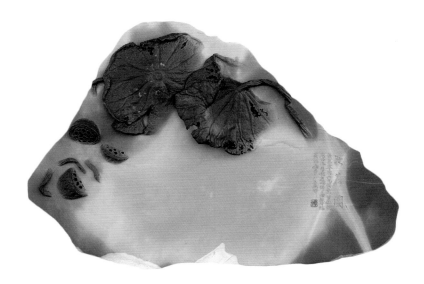

图 7-84　秋荷砚　36cm×38cm×6cm

图 7-85　晚秋砚　20cm×45cm×3.5cm

刘浩音

　　吉林省工艺美术大师，中国工艺美术大师刘克唐弟子，吉林省工艺美术协会理事，通化市松花砚协会理事，中国文房四宝协会副会长。

图 7-86　青龙砚（背面）　10.6cm×10.6cm×2.6cm

图 7-87　白虎砚（背面）　10.6cm×10.6cm×2.6cm

图 7-88 朱雀砚（背面） 10.6cm×10.6cm×2.6cm

图 7-89　玄武砚（背面）　10.6cm×10.6cm×2.6cm

图 7-90　嵌贝云龙砚　16.6cm×12.6cm×2.6cm

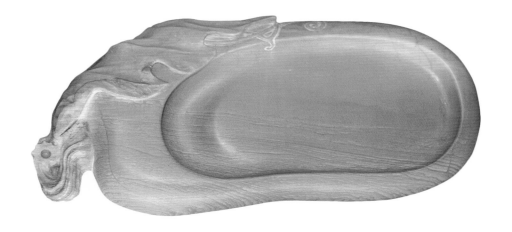

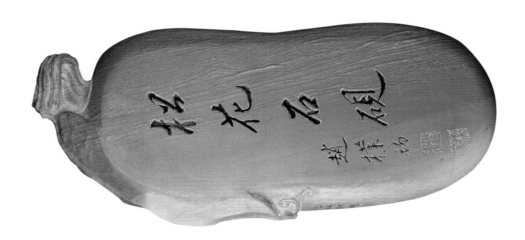

图 7-91　木纹金瓜砚（正背面）　7.5cm×15.3cm×2.5cm

图 7-92　双盂辟雍砚　20cm×28cm×8.5cm

图 7-93　瓦当砚之一（正背面）　11cm×12cm×2.5cm

图 7-94　瓦当砚之二（正背面）　12cm×11cm×2.5cm

图 7-95　柞蚕砚　32cm×41cm×8.5cm

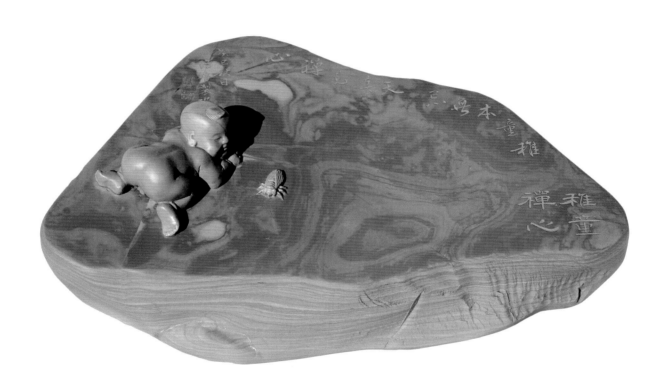

图 7-96 稚童禅心砚 20cm×32cm×7cm

图 7-97　仿清嵌鱼化石砚　16cm×11cm×2.5cm

图 7-98　仿汉壁雍砚　18cm×18cm×7cm

图 7-99　四足龙腾砚　20cm×20cm×8cm

赵国平

　　吉林省工艺美术大师，中华传统手工艺大师，吉林省非物质文化遗产代表性传承人。

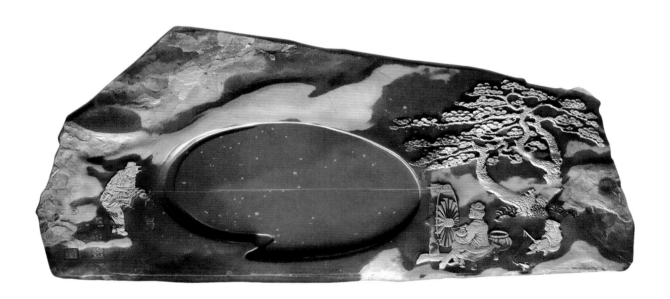

图 7-100　纺车图砚　120cm×200cm×30cm

图 7-101　故乡的记忆砚　33cm×68cm×6cm

图 7-102　滚滚长江东逝水砚　130cm×220cm×20cm

李兆生

吉林省工艺美术大师，吉林省工艺美术协会会长。

图 7-103　*私语砚*　28cm×45cm×3.5cm

图 7-104　甲骨文砚　32cm×26cm×5cm

图 7-105　蘑菇砚（正背面）　33cm×23cm×6cm

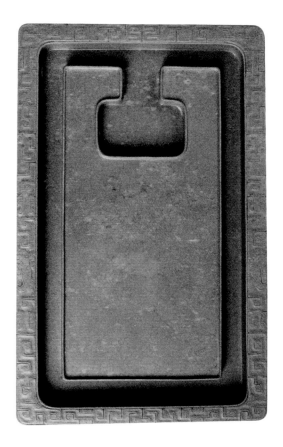

图 7-106 石渠砚（正背面） 19cm×11.5cm×2.5cm

蒋守信

吉林省工艺美术大师，吉林省工艺美术协会常务理事，世界华人艺术家协会理事。

图 7-107　沧桑岁月砚　32cm×17cm×5cm

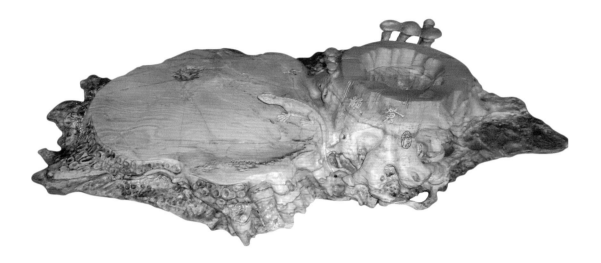

图 7-108　苍韵砚　23cm×55cm×8cm

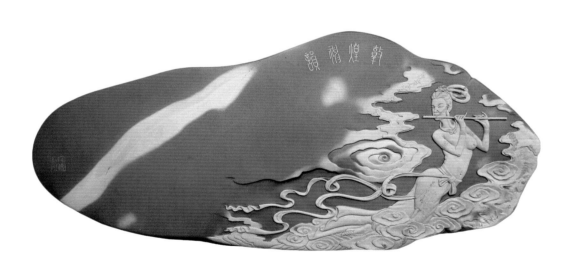

图 7-109　敦煌神韵砚　32cm×61cm×6cm

图 7-110　乐魂砚　22cm×56cm×8cm

图 7-111　昭君出塞砚　21cm×58cm×5cm

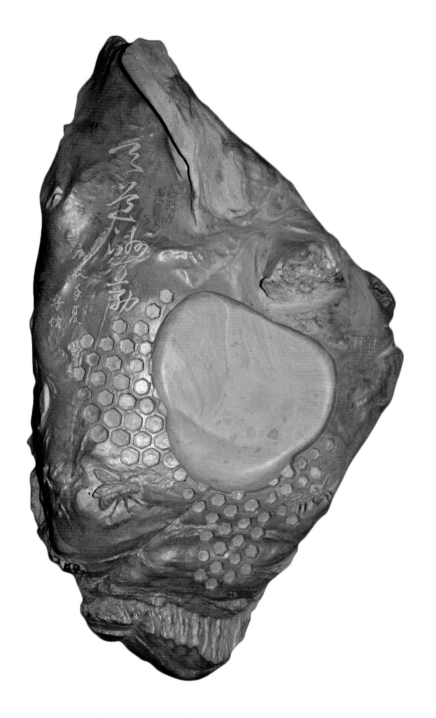

图 7-112　天道酬勤砚　38cm×26cm×8cm

沈振云

　　吉林省工艺美术大师，中国工艺美术协会会员，中国工艺美术大师刘克唐弟子，吉林省工艺美术协会会员。

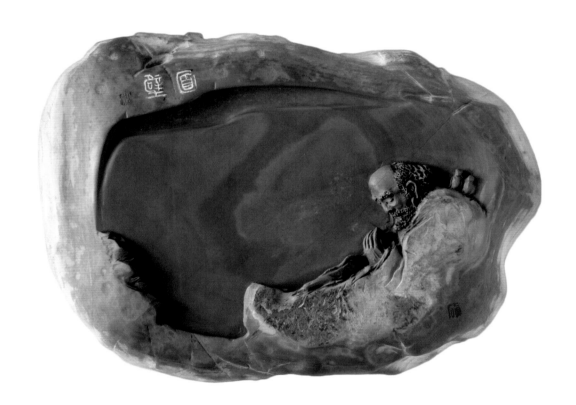

图 7-113　面壁砚　21cm×29cm×7cm

图 7-114　老宅砚　33cm×28cm×5cm

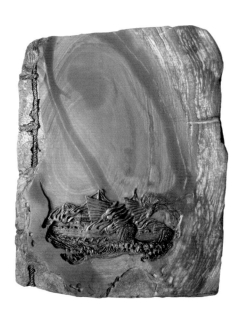

图 7-115　三国演义砚（正背面）　39cm×30cm×5cm

图 7-116　水浒传砚　42cm×30cm×5cm

图 7-117　西游记砚（正背面）　37cm×31cm×5cm

宋波

吉林省工艺美术大师。

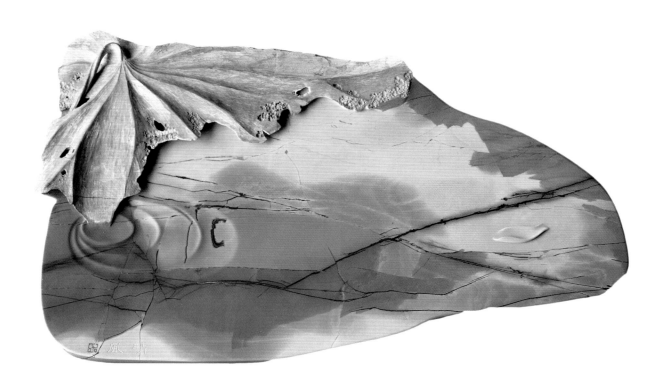

图 7-118　彩荷砚　32cm×52.5cm×5.5cm

图 7-119　达摩砚　25cm×56cm×33cm

图 7-120　鱼砚　9.3cm×49cm×2.8cm

图 7-121   山水砚   37.5cm×69cm×3.5cm

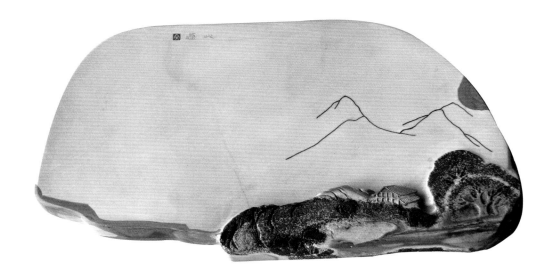

图 7-122   心原砚   20cm×34.8cm×2.5cm

李郡鹏

吉林省工艺美术大师，吉林省首席技师，吉林省工艺美术协会会员。

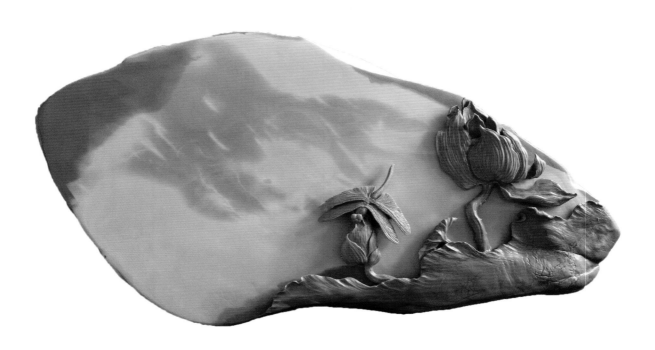

图 7-123　秋荷砚系列之一　28cm×56cm×7cm

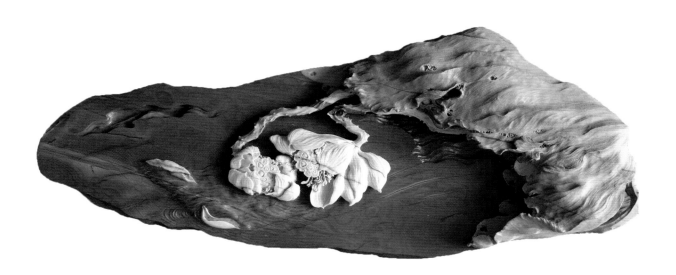

图 7-124　*秋荷砚系列之二*　33cm×83cm×13.5cm

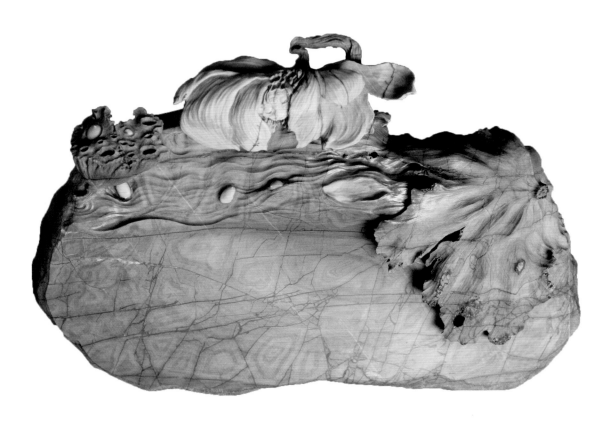

图 7-125　秋荷砚系列之三　33cm×50cm×6cm

图 7-126　秋荷砚系列之四　77cm×40cm×7cm

崔小华

　　吉林省技术创新标兵，吉林省工艺美术大师，吉林省五一劳动奖章获得者，首届河北省砚雕艺术大师，河北省砚雕行业协会副会长。

图 7-127　皓月禅心砚　49cm×28cm×5cm

图 7-128　天女散花砚　21cm×31cm×4cm

图 7-129　寻梅砚　20cm×28cm×4cm

图 7-130　栈待客来砚　22cm×35cm×3.5cm

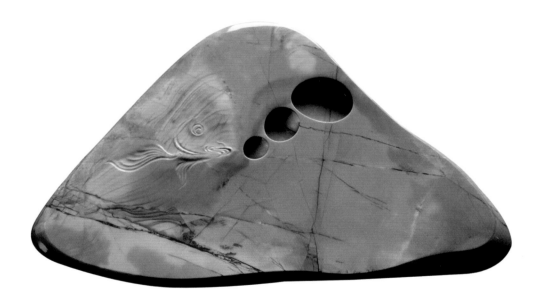

图 7-131　鱼戏砚　25cm×30cm×4cm

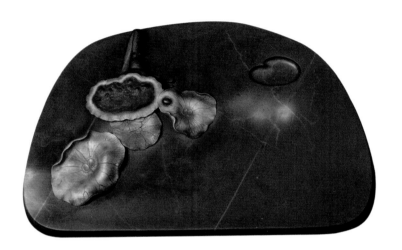

图 7-132　莲蓬蕴春砚　23cm×33cm×3.5cm

图 7-133　葬花吟砚　21cm×26cm×3cm

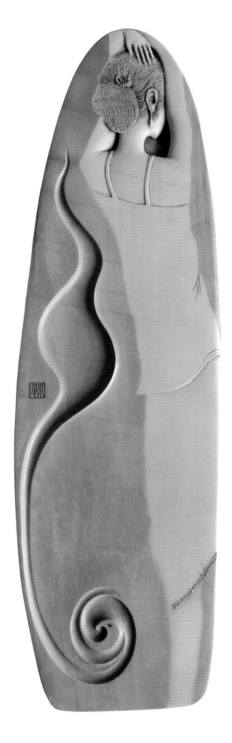

图 7-134　伊人砚　39cm×12cm×3cm

周辉标

吉林省工艺美术大师，国家级雕刻技师，吉林省工艺美术协会理事，通化市松花砚协会副会长。

图 7-135　励志高升砚　16cm×30cm×12cm

图 7-136　相伴一生砚　16cm×30cm×6cm

图 7-137　一世芳华砚　22cm×33cm×6cm

图 7-138　花好月圆砚　32cm×46cm×8.5cm

图 7-139　冰荷砚　28cm×39cm×6cm

图 7-140　喜雨砚　28cm×38cm×6cm

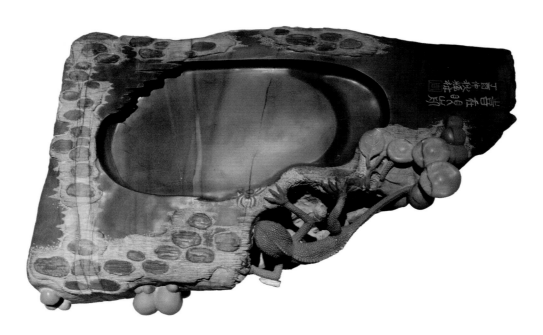

图 7-141　喜在眼前砚　22cm×36cm×6cm

隋俊梅

中国青年工艺高级美术师，吉林省工艺美术协会常务理事，吉林省工艺美术大师，吉林省白山市浑江黑陶艺术品有限公司经理兼艺术总监。

图 7-142　文武之道砚　22cm×16cm×3cm

图 7-143　忆·思砚　19.5cm×28cm×3.5cm

图 7-144　水祭砚　20cm×36cm×4cm

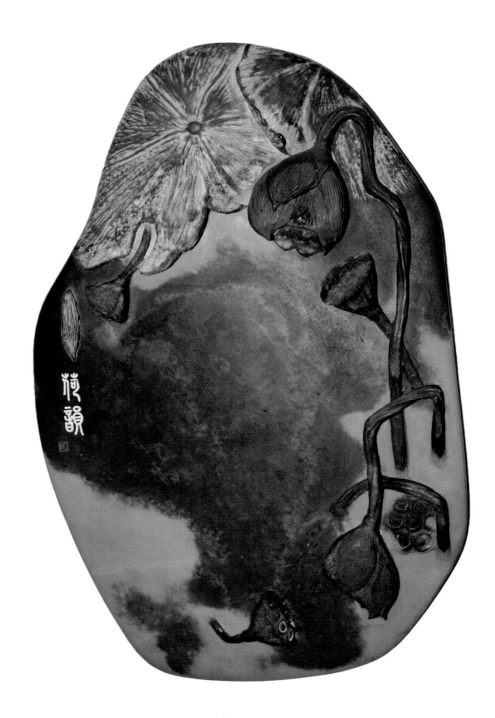

图 7-145　荷韵砚　38cm×25cm×4.5cm

许延盛

吉林省工艺美术大师，江源区万宝堂奇石有限公司创始人。

图 7-146　鱼之乐砚　24cm×28cm×4cm

图 7-147　人参娃娃砚　20cm×25cm×3cm

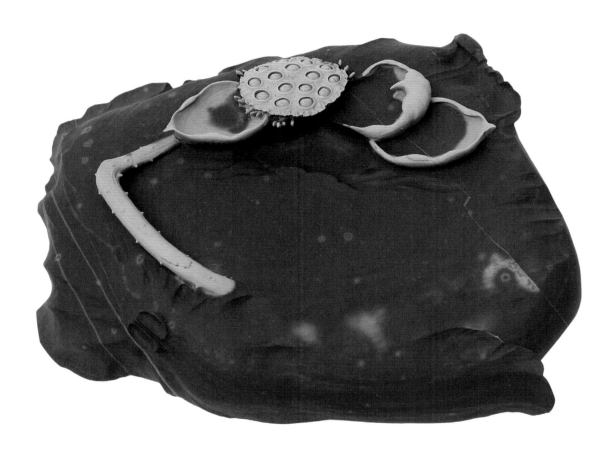

图 7-148　听雨砚　18cm×22cm×4cm

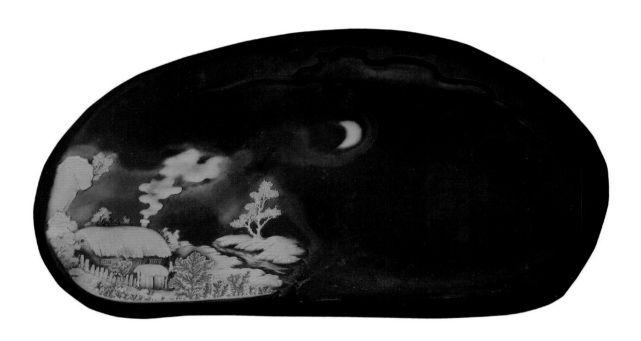

图 7-149　山村暮色砚　22cm×32cm×3cm

图 7-150　春之歌砚　20cm×30cm×5cm

图 7-151　江清月近砚　20cm×33cm×4cm

图 7-152　海天一色砚　13cm×23cm×8cm

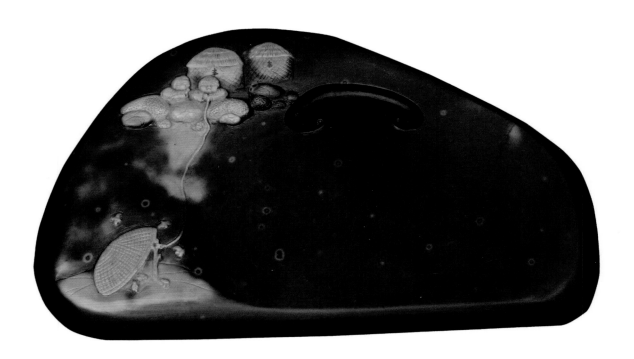

图 7-153　童年砚　18cm×25cm×4cm

图 7-154 萌芽砚 20cm×30cm×5cm

鞠展鹏

国家二级雕刻技师、通化市松花砚青年雕刻家。

图 7-155　一叶知秋砚　26cm×19cm×12cm

图 7−156　皮具砚　25cm×18cm×6cm

图 7-157　包罗万象砚　18cm×18cm×18cm

图 7-158　和谐砚　39cm×33cm×12cm

图 7-159　凤凰涅槃砚　20cm×15cm×6cm

图 7-160　凤纹四足兽首砚　21cm×14cm×11cm

图 7-161　青铜砚　20cm×41cm×4cm

图 7-162　一揽富贵砚　27cm×30cm×15cm

赵大伟

通化师范学院美术学院雕刻实践指导老师。

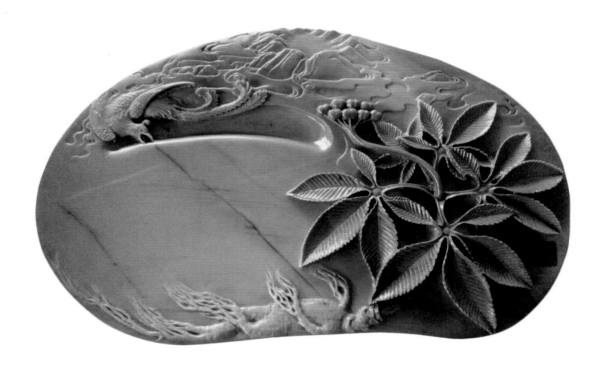

图 7-163　长白神韵砚　36cm×45cm×6cm

图 7-164　秋趣砚　29cm×47cm×8cm

图 7-165　双喜临门砚　37cm×43cm×8cm

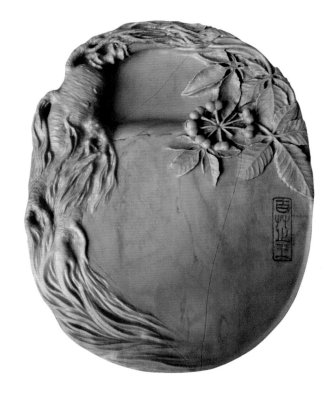

图 7-166　百草之王砚　41cm×27cm×7cm

图 7-167　人参砚　28cm×31cm×6cm

柯桂海

安徽歙县砚雕家，吉林省通化青龙松花砚雕刻厂特聘设计师。

图 7-168   松下问童子砚   35cm×60cm×9cm

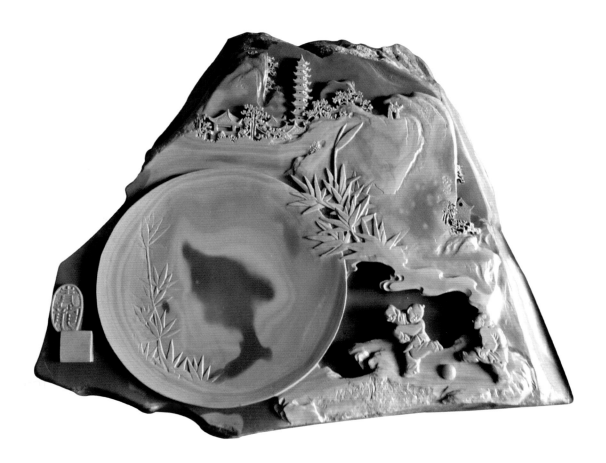

图 7-169　童戏砚　26cm×40cm×6cm

王锡利

吉林省工艺美术协会会员，长春青怡坊松花砚工作室砚雕师。

图 7-170　简龙砚　35cm×60cm×10cm

宴志华

吉林省工艺美术协会会员，通化青龙雕刻厂砚雕师。

图 7-171　黄四足砚　12cm×12cm×8cm

图 7-172　黄壁雍砚　16cm×16cm×6cm

参考文献

1. 嵇若昕著. 品埒端歙·松花石砚特展. 台北故宫博物院，1993

2. 嵇若昕著. 双溪文物随笔. 台北故宫博物院，2011

3. 上海书店出版社编. 西清砚谱. 上海书店出版社，1991

4. 董佩信，张淑芬编著. 大清国宝·松花石砚. 北京：地质出版社，2004

后 记

　　本书出版之际，向在著文撰写和图片拍摄以及后期编辑过程中给予热情支持的各界朋友表示衷心的感谢！

　　松花砚是群芳争艳中的一朵奇葩，是由帝王发掘和始创的御用文器，传承三百多年来，今天能够将她的历史足迹和当代风貌展现给读者，是时代赋予我们的光荣责任。

　　本书通过对松花砚文脉与历史的梳理，考证起点、产地、名称，从不同角度认真阐述了松花砚的发展源流，并通过记述自清代中期停产限雕二百余年后，20 世纪 70 年代末，又重新发掘近四十年来所经历的松花砚雕刻实践以及对当代新老砚石矿坑的调查分析，总结考证出当代松花砚石"三大砚石主产区"——吉林省通化地区、白山地区和辽宁省本溪地区，又在历史上首次归纳梳理出松花砚石的"六大色彩系列"——绿、紫、黄、白、黑、多彩。至此，使松花砚石在色彩理论上有了准确定位。

　　尽管历经多年对砚石矿脉的实地考察与论证，难免有不被发现和没有应用过的新坑出现，其中延边朝鲜族自治州安图县、临江市、集安市，都有人称见过松花石料。还有一种说法，称松花石的主要产区在辽宁本溪而不在吉林通化、白山。我们尊重这些意见，这里不作争论，不作定论，有待于今后进一步考察核实后用事实说话。但愿大自然赐予人类更多的财富，惠民于当今，造福于子孙后代。

　　本书初稿撰写于前几年，其中，现代内容主要描述了早期制砚行业的人和事。在近期出版前，本书充实了大量的新人新砚，包括近几年内其他工美行业加入制砚行业的大师以及制砚行业的后起新秀。一些新技艺、新砚材、新创意着实令人耳目一新。当然，由于某种原因，还有一些大师及作品没有补充进来，但愿未来新的大师和砚雕精英后继有人。长江后浪推前浪，未来在砚雕艺术的大道上，一定会人才济济，继往开来。

值得欣慰的是，这次改编，不拘地域界限，又充实了几位多年来为松花砚事业奋斗的制砚大师。在大师的群芳谱中有三位已经离世，他们是当代松花砚道路上的先驱者，是松花砚事业发展的功臣，值得我们铭记。

总之，本书的撰写与编辑，理当真实立说，减少瑕疵，力求完美，但是很难面面俱到，不留遗憾，敬请广大读者予以理解，多提宝贵意见。

刘祖林　关　键
2018 年 9 月

图书在版编目（CIP）数据

中华砚文化汇典.砚种卷.松花砚 / 刘祖林著；关
键改编. —— 北京：人民美术出版社，2019.5
ISBN 978-7-102-08221-9

Ⅰ.①中… Ⅱ.①刘… ②关… Ⅲ.①砚—文化—中
国 Ⅳ.①TS951.28

中国版本图书馆CIP数据核字(2018)第282563号

中华砚文化汇典·砚种卷·松花砚

ZHŌNGHUÁ YÀN WÉNHUÀ HUÌDIĂN · YÀNZHŎNG JUÀN · SŌNGHUĀ YÀN

编辑出版　人民美术出版社

（北京市东城区北总布胡同32号　邮编：100735）

http://www.renmei.com.cn

发行部：（010）67517601

网购部：（010）67517864

责任编辑　邹依庆　刘　畅

装帧设计　翟英东

责任校对　白劲光

责任印制　张朝生　夏　婧

制　　版　朝花制版中心

印　　刷　天津市豪迈印务有限公司

经　　销　全国新华书店

版　次：2019年5月　第1版　第1次印刷

开　本：889mm×1194mm　1/16

印　张：20

ISBN 978-7-102-08221-9

定　价：368.00元

如有印装质量问题影响阅读，请与我社联系调换。（010）67517602